21 世纪高等院校环境系列实用规划教材

环境学概论

主　编　曲向荣
副主编　张林楠　李艳平
参　编　沈欣军　王　新
　　　　梁吉艳　王惠丰

北京大学出版社
PEKING UNIVERSITY PRESS

内 容 简 介

本书全面、系统地介绍了环境、环境问题和环境科学，生态学基础，自然资源的利用与保护，大气污染控制工程，水体污染控制工程，固体废物污染控制工程，噪声和其他物理污染与控制技术，环境规划，环境法，环境管理，环境道德，环境与发展等内容。本书的主要特点是融自然科学和社会科学为一体，既揭露问题，总结教训，并阐明了解决问题、寻求美好前景的战略和措施。

本书可作为环境科学与环境工程专业的基础课教材，也可作为高等院校非环境专业环境教育公共课教材，同时还可供从事环境保护的技术人员、管理人员及关注环境保护事业的人员阅读。

图书在版编目(CIP)数据

环境学概论/曲向荣主编. —北京：北京大学出版社，2009.8
(21世纪高等院校环境系列实用规划教材)
ISBN 978-7-301-15332-1

Ⅰ.环…　Ⅱ.曲…　Ⅲ.环境科学—高等学校—教材　Ⅳ.X

中国版本图书馆 CIP 数据核字(2009)第 093900 号

书　　　　名：	环境学概论
著作责任者：	曲向荣　主编
责 任 编 辑：	张　玮
标 准 书 号：	ISBN 978-7-301-15332-1/X・0033
出　版　者：	北京大学出版社
地　　　址：	北京市海淀区成府路 205 号　100871
网　　　址：	http://www.pup.cn　http://www.pup6.com
电　　　话：	邮购部 010-62752015　发行部 010-62750672　编辑部 010-62750667　出版部 010-62754962
电 子 邮 箱：	pup_6@163.com
印　刷　者：	三河市博文印刷有限公司
发　行　者：	北京大学出版社
经　销　者：	新华书店
	787 毫米×1092 毫米　16 开本　11.5 印张　270 千字
	2009 年 8 月第 1 版　　2021 年 1 月第 9 次印刷
定　　　价：	28.00 元

21 世纪高等院校环境系列实用规划教材
编写指导委员会

丛 书 序

当今社会随着经济的高速发展，人民生活质量的普遍提高，人类在生产、生活的各个方面都在不断影响和改变着周围的环境，同时日益突出的环境问题也逐渐受到人类的重视。环境学科以人类—环境系统为其特定的研究对象，主要研究环境在人类活动强烈干预下所发生的变化和为了保持这个系统的稳定性所应采取的对策与措施。环境问题已经成为一个不可忽视的、必须要面对和解决的重大难题。多年来，党和国家领导人多次在不同场合提到了环境问题的重要性，同时对发展环境教育给予了极大的关注。为推进可持续发展战略的实施，我国的环境工作在管理思想和管理制度方面也都发生了深刻的变化，不仅拓宽了环境学科的研究领域急需的综合性学科，也使其成为科学技术领域最年轻、最活跃、最具影响的学科之一。

环境学科是一门新兴的学科，并且还处在蓬勃发展之中，许多社会科学、自然科学和工程科学的部门已经积极地加入到了环境学科的研究当中，它们相互渗透、相互交叉，从而使环境学科变得更加宽广和多样化。为了更好地向社会展示环境学科的研究成果，进一步推进环境学科的发展，北京大学出版社于 2007 年 6 月在北京召开了《21 世纪高等院校环境系列实用规划教材》研讨会，会上国内几十所高校的环境专家学者经过充分讨论，研究落实了适合于环境类专业教学的各教材名称及其编写大纲，并遴选了各教材的编写组成员。

本系列教材的特点在于：按照高等学校环境科学与环境工程专业对本科教学的基本要求，参考教育部高等学校环境科学与工程教学指导委员会研究制定的课程体系和知识体系，面向就业，定位于应用型人才的培养。

为贯彻应用型本科教育由"重视规模发展"转向"注重提高教学质量"的工作思路，适应当前我国高等院校应用型教育教学改革和教材建设的迫切需要，培养以就业市场为导向的具备职业化特征的高等技术应用型人才，本系列教材突出体现教育思想和教育观念的转变，依据教学内容、教学方法和教学手段的现状和趋势进行了精心策划，系统、全面地研究普通高校教学改革、教材建设的需求，优先开发其中教学急需、改革方案明确、适用范围较广的教材。

环境问题已经成为人类最为关注的焦点，每位致力于环境保护的人士都在为环境保护尽自己最大的努力，同时还有更多的人加入到这个队伍中来，为人类能有一个良好的居住环境而共同努力。参与本系列教材编写的每一位专家学者都希望把自己多年积累的知识和经验通过书本传授给更多的有志于为人类—环境系统的协调和持续发展出一份力的同仁。

在本系列教材即将出版之际，我们要感谢参加本系列教材编写和审稿的各位老师所付出的辛勤劳动。我们希望本系列教材能为环境学科的师生提供尽可能好的教学、研究用书，我们也希望各位读者提出宝贵意见，以使编者与时俱进，使教材得到不断的改进和完善。

《21 世纪高等院校环境系列实用规划教材》
编写指导委员会
2008 年 3 月

前　言

　　人类的生产和生活活动引起的生态系统破坏和环境污染反过来又危及人类自身的生存和发展的现象，称为环境问题。环境问题是随着人类社会和经济的发展而产生的。生态破坏、环境污染、资源短缺、酸雨蔓延、全球气候变暖、臭氧层出现空洞等生态环境日益遭到破坏的现实表明，正是人类在发展过程中对自然环境采取了不公允、不友好的态度和做法给人类自身带来了灾难。环境与资源作为人类生存和发展的基础和保障，正通过上述种种环境问题对人类施以报复，人类正遭受着环境问题的严重威胁和危害，这种威胁和危害已危及到当今人类的健康、生存和发展，更危及地球的命运和人类的前途。保护环境迫在眉睫。

　　保护环境不仅需要环境科学、工程与技术等领域的理论研究与科学实践，更重要的是需要全人类的一致行动。要转变传统的社会发展模式和经济增长方式，将经济发展与环境保护协调统一起来，就必须走资源节约型和环境友好型的、人与自然和谐共存的可持续发展道路。

　　本书系统地介绍了环境、环境问题和环境科学，生态学基础，自然资源的利用与保护，大气污染控制工程，水体污染控制工程，固体废物污染控制工程，噪声和其他物理污染与控制技术，环境规划，环境法，环境管理，环境道德，环境与发展等内容；融合了自然科学与社会科学，既涉及了科学知识和技术，又涉及了思想意识和观念，既揭露了问题，总结了教训，并阐明了解决问题、寻求美好前途的战略和措施。

　　本书共分 12 章。第 1、3、8、10、12 章由曲向荣编写，第 2 章由王新编写，第 4、7章由沈欣军编写，第 5 章由李艳平编写，第 6 章由张林楠编写，第 9 章由梁吉艳编写，第 11 章由王惠丰编写。全书由曲向荣统稿。本书在编写过程中引用了国内外相关领域的最新成果与资料，具有前瞻性、先进性和实用性。在此向这些专家、学者致以衷心的感谢。

　　由于编者水平和时间有限，错漏和不足之处在所难免，敬请广大读者批评指正。

编　者

2009 年 4 月

目　　录

第 1 篇　环境科学基础篇

第2篇　污染控制工程篇

第3篇　环境规划与管理篇

第4篇 环境道德篇

第5篇 可持续发展篇

第1篇 环境科学基础篇

第1章 环境、环境问题与环境科学

1.1 环 境

1.1.1 环境的概念

环境是一个极其广泛的概念，它不能孤立地存在，是相对某一中心事物而言的，不同的中心事物有不同的环境范畴。对于环境科学而言，中心事物是人，环境是指以人为中心的客观存在，即由其他生物和非生命物质构成的人类生存环境。

人类生存环境由自然环境和人工环境(社会环境)组成。自然环境是人类生活和生产所必需的自然条件和自然资源的总称，即阳光、空气、水、岩石、土壤、动植物、微生物等自然因素的总和。人工环境是指经过人类社会加工改造过的自然环境，如城市、村落、工厂、港口、公路、铁路、学校、公园和娱乐场所等。

《中华人民共和国环境保护法》对环境作了如下规定："本法所称环境，是指影响人类生存和发展的各种天然的和经过人工改造的自然因素的总体，包括大气、水、海洋、土地、矿藏、森林、草原、野生动植物、自然遗迹、人文遗迹、自然保护区、风景名胜区、城市和乡村等"。可以认为，我国环境法规对环境的定义相当广泛，包括前述的自然环境和人工环境。环境保护法是一种把环境中应当保护的要素或对象界定为环境的一种工作定义，其目的是从实际工作的需要出发，对环境一词的法律适用对象或适用范围作出规定，以保证法律的准确实施。

国际标准化组织(ISO)对环境术语进行了专门定义与说明：环境是"组织运行活动的外部存在，包括空气、水、土地、自然资源、植物、动物、人，以及他们之间的相互关系"。

术语中的"组织"是指具有自身职能和行政管理的公司、集团公司、商行、企业、政府机构或社团，或是上述单位的部分或结合体，无论是否为法人团体、公营或私营。

术语中的"自然资源"是环境的重要组成部分，是人类生存、发展不可缺少的物质基础，如石油、煤、各类矿物、水、海洋、生物资源等。

术语中的"相互关系"包括3层含义：①环境是多种介质的组合，如空气、水、土地等；②环境还应包括受体，即当介质改变时会受到影响的群体，如动物、植物、人。受体往往是被保护的对象，如动物、植物自我保护能力有限，需要人类的特别保护才能得以生存；③环境并不是各种环境要素的零散集合，而是各种物质和形态的组合，是一个有机整体，它们共存于环境中，相互依赖，相互制约，相互转换，才保持着一定的动态平衡。

术语中的"外部存在"是指从组织内一直延伸到全球系统，因而在考虑环境时不仅包括组织内部和组织外部的事物，还应考虑到全球系统外的环境。

1.1.2 环境要素及其属性

1. 环境要素

构成环境整体的各个独立的、性质不同而又服从总体演化规律的基本物质组分称为环境要素，也称为环境基质。主要包括水、大气、生物、土壤、岩石和阳光等。环境要素组成环境的结构单元，环境的结构单元又组成环境整体或环境系统。例如，空气、水蒸气、地球引力、阳光等组成大气圈；河流、湖泊、海洋等地球上各种形态的水体组成水圈；土壤组成农田、草地和林地等；岩石组成地壳、地幔和地核，全部岩石和土壤构成岩石圈或称土壤-岩石圈；动物、植物、微生物组成生物群落，全部生物群落构成生物圈。因此，大气、水、土壤(岩石)和生物四大环境要素及其存在的空间构成了人类的生存环境，即大气圈、水圈、土壤-岩石圈和生物圈。

2. 环境要素的属性

环境要素具有非常重要的属性，这些属性决定了各个环境要素间的联系和作用的性质，是人类认识环境、改造环境、保护环境的基本依据。在这些属性中，最重要的有以下几个。

(1) 环境整体大于诸要素之和。环境诸要素之间相互联系、相互作用形成环境的总体效应，这种总体效应是在个体效应基础上的质的飞跃。某处环境所表现出的性质，不等于组成该环境的各个要素性质之和，而要比这种"和"丰富得多、复杂得多。

(2) 环境要素的相互依赖性。环境诸要素是相互联系、相互作用的。环境诸要素间的相互作用和制约，是通过能量流，即通过能量在各要素之间的传递，或以能量形式在各要素之间的转换来实现的。另一方面，通过物质循环，即物质在环境要素之间的传递和转化，使环境要素相互联系在一起。

(3) 环境质量的最差限制律。环境质量的一个重要特征是最差限制律，即整体环境的质量不是由环境诸要素的平均状态决定的，而是受环境诸要素中那个"最差状态"的要素控制的，而不能够因其他要素处于良好状态得到补偿。因此，环境诸要素之间是不能相互替代的。例如，一个区域的空气质量优良，声环境质量较好，但水体污染严重，连清洁的饮用水也不能保证，则该区域的总体环境质量就由水环境所决定。改善环境质量，首先要改善水质。

(4) 环境要素的等值性。任何一个环境要素对于环境质量的限制，只有当它们处于最差状态时，才具有等值性。也就是说，各个环境要素，无论它们本身在规模上或数量上相差多大，但只要是一个独立的要素，那么它们对环境质量的限制作用并无质的差别。如前所述，对于一个区域来说，属于环境范畴的空气、水体、土地等均是独立的环境要素，无论哪个要素处于最差状态，都制约着环境质量，使总体环境质量变差。

(5) 环境要素变化之间的连锁反应。每个环境要素在发展变化的过程中，既受到其他要素的影响，同时也影响其他要素，形成连锁反应。例如，由于温室效应引起的大气升温，将导致干旱、洪涝、沙尘暴、飓风、泥石流、土地荒漠化、水土流失等一系列自然灾害。这些自然现象相互之间一环扣一环，只要其中的一环发生改变，就可能引起一系列连锁反应。

1.1.3 地球环境的构成及特征

1. 大气圈

大气圈是指受地球引力作用而围绕地球的大气层，又称大气环境，是自然环境的组成要素之一，也是一切生物赖以生存的物质基础。垂直距离的温度分布和大气的组成有明显变化，根据这种变化通常可将大气圈划分为 5 层，如图 1.1 所示。

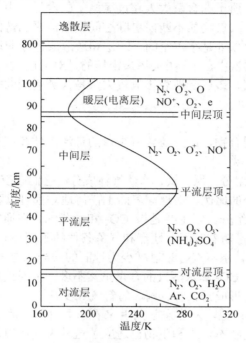

图 1.1 大气圈的构造

1) 大气圈的结构

(1) 对流层。对流层位于大气圈的最底层，是空气密度最大的一层，直接与岩石圈、水圈和生物圈相接触。对流层厚度随地球纬度不同而有些差异，在赤道附近高 15～20 km，在两极区高 8～10 km。空气总重量的 95%和绝大多数的水蒸气、尘埃都集中在这一层；各种天气现象如云、雾、雷、电、雨和雪等都发生在这一层；大气污染也主要发生在这一层里，尤其是在近地面 1～2 km 范围内更为明显。在对流层里，气温随高度增加而下降，平均递减率为 6.5 ℃/ km，空气由上而下进行剧烈的对流，使大气能充分混合，各处空气成分比例相同，称为均质层。

(2) 平流层。位于对流层顶，上界高度约为 50～55 km。在这一层内，臭氧集中，太阳辐射的紫外线(λ<0.29 μm)几乎全部被臭氧吸收，使其温度升高。在较低的平流层内，温度上升十分缓慢，出现较低等温(-55 ℃)，气流只有水平流动，而无垂直对流。到 25 km 以上时，温度上升很快，而在平流层顶 50 km 处，最高温度可达-3 ℃。在平流层内，空气稀薄，大气密度和压力仅为地表附近的 1/10～1/1000，几乎不存在水蒸气和尘埃物质。

(3) 中间层。位于平流层顶，上界高度约为 80～90 km，温度再次随高度增加而下降，中间层顶最低温度可达-100 ℃，是大气温度最低的区域。其原因是这一层几乎没有臭氧，而能被 N_2 和 O_2 等气体吸收的波长更短的太阳辐射，大部分已被上层大气吸收。

(4) 暖层。从中间层顶至 800 km 高度，空气分子密度是海平面上的 $1/5 \times 10^{-6}$。强烈的紫外线辐射使 N_2 和 O_2 分子发生电离，成为带电离子或分子，使此层处于特殊的带电状态，所以又称电离层。在这一层里，气温随高度增加而迅速上升，这是因为所有波长小于 $0.2~\mu m$ 的紫外辐射都被大气中的 N_2 和 O_2 分子吸收，在 300 km 高度处，气温可达 1000 ℃以上。电离层能使无线电波反射回地面，这对远距离通信极为重要。

(5) 逸散层。高度为 800 km 以上的大气层，统称为逸散层。气温随高度增加而上升，大气部分处于电离状态，质子的含量大大超过氢原子的含量。由于大气极其稀薄，地球引力场的束缚也大大减弱，大气物质不断向星际空间逸散，极稀薄的大气层一直延伸到离地面 2200 km 的高空，在此以外是宇宙空间。暖层和逸散层也称非均质层。

在大气圈的这 5 个层次中，与人类关系最密切的是对流层，其次是平流层。离地面 1 km 以下的部分为大气边界层，该层受地表影响较大，是人类活动的空间，大气污染主要发生在这一层。

2) 大气的组成

大气是多种气体的混合物，此外还含有少量的悬浮固体和液体微粒等杂质。大气按其数量和变化规律可分为 3 类。

(1) 恒定的主要气体组分。氮、氧、惰性气体成分，它们占空气总体积的 99.98%左右，是空气的主体。这一组分的比例，在地球表面上任何地方都可以看作是不变的。

(2) 可变的少量气体组分。它主要是指 CO_2 和水蒸气。在通常情况下，CO_2 的含量为 0.03%左右。水蒸气的含量随着时间、地点和气象条件的不同，有较大变化，一般在 0.3% 以下。在 1.5~2 km 上空，水蒸气含量已减少为地面的一半，在 5 km 高度以上，已为地面水蒸气量的 1/10。大气中 CO_2 和水蒸气的含量虽然不多，但对地球与大气的物质循环和能量平衡起着重要作用，可形成云、雾、雨、雪等气象变化。

(3) 易变的痕量气体组分。从生态学角度来看，大气的本底组成是地球大气经过几十亿年的演变而形成的稳定状态，人和生物已适应了这种大气环境，这些痕量气体以本底值量存在于大气中，对人类和生物并不产生有害影响。但是由于这类气体含量极低，易受人为因素影响。因此，大气中这些易变痕量气体浓度的增加和空气中本来不存在的气体成分的出现，是造成大气污染的主要标志。

2. 水圈

天然水是海洋、江河、湖泊、沼泽、冰川等地表水、大气水和地下水的综合。由地球上的各种天然水与其中各种有生命和无生命物质构成的综合水体，称为水圈。水圈中水的总量约为 $1.4 \times 10^{18}~m^3$，其中海洋水约占 97.2%，余下不足 3%的水分布在冰川、地下水和江河湖泊等。这部分水量虽少，但与人类生产与生活活动关系最为密切。

水资源通常指淡水资源，而且是较易被人类利用，并且可以逐年恢复的淡水资源。因此，海水、冰川、深层地下水(>1000 m)等目前还不能算作水资源。显然，地球上的水资源是非常有限的。在水圈中，99.99%的水是以液态和固态形式在地面上聚集在一起的，构成各种水体，如海洋、河流、湖泊、水库、冰川等。在通常情况下，一个水体就是一个完整的生态系统，包括其中的水、悬浮物、溶解物、底质和水生生物等，此时也称其为水环境。它们在各种形态之间和各种水体之间不断地转化和循环，形成水的大循环和相对稳定的分配。

3. 岩石(土壤)圈

地球的构造是由地壳、地幔和地核 3 个同心圈层组成的，平均半径约 6371 km。距地表以下几 km 到 70 km 的一层，称为岩石圈。岩石圈的厚度很不均匀，大陆的地壳比较厚，平均为 35 km，我国青藏高原的地壳厚度达 65 km 以上。海洋的地壳厚度比较小，约为 5～8 km。大陆地壳的表层为风化层，它是地表中多种硅酸盐矿与丰富的水、空气长期作用的结果，为陆地植物的生长提供了基础。另一方面，经过植物根部作用，再加上动植物尸体及排泄物的分解产物及微生物的作用，进一步风化形成现在的土壤，土壤是地球陆地表面生长植物的疏松层，通常称为土壤圈。

4. 生物圈

生物圈是指生活在大气圈、水圈和岩石圈中的生物与其生存环境的总体。生物圈的范围包括从海平面以下深约 11 km(太平洋最深处的马里亚纳海沟)到地平面上约 9 km(陆地最高山峰珠穆朗玛峰)的地球表面和空间，通常只有在这一空间范围内才能有生命存在。因此，也可以把有生命存在的整个地球表面和空间叫做生物圈。在生物圈里，有阳光、空气、水、土壤、岩石和生物等各种基本的环境要素，为人类提供了赖以生存的基本条件。

1.1.4　环境的功能

对人类而言，环境功能是环境要素及由其构成的环境状态对人类生产和生活所承担的职能和作用，其功能非常广泛。

1. 为人类提供生存的基本要素

人类、生物都是地球演化到一定阶段的产物，生命活动的基本特征是生命体与外界环境的物质交换和能量转换。空气、水和食物是人体获得物质和能量的主要来源。因此，清洁的空气、洁净的水、无污染的土壤和食物是人类健康和世代繁衍的基本环境要素。

2. 为人类提供从事生产的资源基础

环境是人类从事生产与社会经济发展的资源基础。自然资源可以分为可耗竭(不可再生资源)和可再生资源两大类。可耗竭资源是指资源蕴藏量不再增加的资源。它的持续开采过程也就是资源的耗竭过程，当资源的蕴藏量为零时，就达到了耗竭状态。可耗竭资源主要是指煤炭、石油、天然气等能源资源和金属等矿产资源。

可再生资源是指能够通过自然力以某一增长率保持、恢复或增加蕴藏量的自然资源。例如，太阳能、大气、森林、农作物以及各种野生动植物等。许多可再生资源的可持续性受人类利用方式的影响。在合理开发利用的情况下，资源可以恢复、更新、再生，甚至不断增长。而不合理的开发利用，会导致可再生过程受阻，使蕴藏量不断减少，以致枯竭。例如，水土流失或盐碱化导致土壤肥力下降，农作物减产；过度捕捞使渔业资源枯竭，由此降低鱼群的自然增长率。有些可再生资源不受人类活动影响，当代人消费的数量不会使后代人消费的数量减少，例如，太阳能、风力等。

3. 对废物的消化和同化能力(环境自净能力)

人类在进行物质生产或消费过程中，会产生一些废物并排放到环境中。环境通过各种各样的物理(稀释、扩散、挥发、沉降等)、化学(氧化和还原、化合和分解、吸附、凝聚等)、生物降解等途径来消化、转化这些废物，使暂时污染的环境又恢复到原来的自然状态。如果环境不具备这种自净功能，整个地球早就充满了废物，人类将无法生存。

环境自净能力(环境容量)与环境空间的大小、各环境要素的特性、污染物本身的物理和化学性质有关。环境空间越大，环境对污染物的自净能力就越强，环境容量也就越大。对某种污染物而言，它的物理和化学性质越不稳定，环境对它的自净能力也就越强。

4. 为人类提供舒适的生活环境

环境不仅能为人类的生产和生活提供物质资源，还能满足人们对舒适性的要求。清洁的空气和水不仅是工农业生产必需的要素，也是人们健康愉快生活的基本需求。优美的自然景观和文物古迹是宝贵的人文财富，可称为旅游资源。优美舒适的环境使人心情轻松，精神愉快，对人类健康和经济发展都会起到促进作用。随着物质和精神生活水平的提高，人类对环境舒适性的要求也会越来越高。

1.2 环 境 问 题

环境科学与环境保护所研究的环境问题不是自然灾害问题(原生或第一环境问题)，而是人为因素所引起的环境问题(次生或第二环境问题)。这种人为环境问题一般可分为两类：一是不合理地开发利用自然资源，超出环境的承载能力，使生态环境质量恶化或自然资源枯竭的现象；二是人口激增、城市化和工农业高速发展引起的环境污染和破坏。总之，环境问题是人类经济社会发展与环境的关系不协调所引起的问题。

1.2.1 环境问题的由来与发展

从人类诞生开始就存在着人与环境的对立统一关系，就出现了环境问题。从古至今随着人类社会的发展，环境问题也在发展变化，大体上经历了 4 个阶段。

1. 环境问题的萌芽阶段(工业革命以前)

人类在诞生以后很长的岁月里，只是天然食物的采集者和捕食者，人类对环境的影响不大。那时"生产"对自然环境的依赖十分突出，人类主要是进行生活活动，以生理代谢过程与环境进行物质和能量转换，主要是利用环境，而很少有意识地改造环境。如果说那时也发生"环境问题"，则主要是由于人口的自然增长和盲目地乱采乱捕、滥用资源而造成生活资料缺乏，引起饥荒问题。为了解除这种环境威胁，人类被迫学会了吃一切可以吃的东西，以扩大和丰富自己的食谱，或是被迫扩大自己的生活领域，学会适应在新的环境中生活的本领。

随后，人类学会了培育植物和驯化动物，开始发展农业和畜牧业，这在生产发展史上是一次大革命。而随着农业和畜牧业的发展，人类改造环境的作用也越来越明显地显示出来，但与此同时也发生了相应的环境问题，如大量砍伐森林、破坏草原、刀耕火种、盲目开荒，往往引起严重的水土流失、水旱灾害频繁和沙漠化；又如兴修水利、不合理灌溉，往往引起土壤的盐渍化、沼泽化，以及引起某些传染病的流行。在工业革命以前虽然已出现了城市化和手工业作坊(或工厂)，但工业生产并不发达，由此引起的环境污染问题并不突出。

2. 环境问题的发展恶化阶段(工业革命至 20 世纪 50 年代前)

随着生产力的发展，在 18 世纪 60 年代至 19 世纪中叶，生产发展史上又出现了一次伟大的革命——工业革命。它使建立在个人才能、技术和经验之上的小生产被建立在科学技术成果之上的大生产所代替，大幅度地提高了劳动生产率，增强了人类利用和改造环境的能力，极大地改变了环境的组成和结构，从而也改变了环境中的物质循环系统，扩大了人类的活动领域，但与此同时也带来了新的环境问题。一些工业发达的城市和工矿区的工业企业排出大量废弃物污染环境，使污染事件不断发生。如 1873 年—1892 年，英国伦敦多次发生可怕的有毒烟雾事件。19 世纪后期，日本足尾铜矿区排出的废水污染了大片农田。1930 年 12 月，比利时马斯河谷工业区由于工厂排出含有 SO_2 的有害气体，在逆温条件下造成了几千人发病、60 人死亡的严重大气污染事件。1943 年 5 月，美国洛杉矶市由于汽车排放的碳氢化合物和 NO_x 在太阳光的作用下产生了光化学烟雾，造成大多数居民患病、400 多人死亡的严重大气污染事件。如果说农业生产主要是生活资料的生产，它在生产和消费中所排放的"三废"是可以纳入物质的生物循环，而能迅速净化、重复利用的话，那么工业生产除生产生活资料外，还大规模地进行生产资料的生产，把大量深埋在地下的矿物资源开采出来，加工利用后投入环境之中，许多工业产品在生产和消费过程中排放的"三废"，都是生物和人类所不熟悉并且难以降解、同化和忍受的。总之，由于蒸汽机的发明和广泛使用，大工业日益发展，生产力有了很大的提高，环境问题也随之发展且逐步恶化。

3. 环境问题的第一次高潮(20 世纪 50 年代至 80 年代以前)

环境问题的第一次高潮出现在 20 世纪 50、60 年代。20 世纪 50 年代以后，环境问题更加突出，震惊世界的公害事件接连不断，如 1952 年 12 月的伦敦烟雾事件(由居民燃煤取暖排放的 SO_2 和烟尘遇逆温天气造成 5 天内死亡人数达 4000 人的严重大气污染事件)，1953—1956 年日本的水俣病事件(由水俣湾镇氮肥厂排出的含甲基汞的废水进入了水俣湾，人食用了含甲基汞污染的鱼、贝类，造成神经系统中毒，病人口齿不清，步态不稳，面部痴呆，耳聋眼瞎，全身麻木，最后神经失常，患者达 180 人，死亡达 50 多人)，1955—1972 年日本的骨痛病事件(由日本富山县炼锌厂排放的含镉废水进入了河流，人喝了含镉的水，吃了含镉的米，造成关节痛、神经痛和全身骨痛，最后骨脆、骨折、骨骼软化，饮食不进，在衰弱疼痛中死去，可以说是惨不忍睹。患者超过 280 人，死亡人数达 34 人)，1961 年日本的四日市哮喘病事件(由四日市石油化工联合企业排放的 SO_2、碳氢化合物、NO_x 和飘尘等污染物造成的大气污染事件，患有支气管哮喘、肺气肿的患者超过 500 多人，死亡人数达 36 人)等，这些震惊世界的公害事件形成了第一次环境问题高潮。第一次环境问题高潮产生的原因主要有两个。

(1) 人口迅猛增加，都市化的速度加快。刚进入 20 世纪时世界人口为 16 亿，至 1950 年增至 25 亿(经过 50 年人口约增加了 9 亿)；50 年代之后，1950—1968 年仅 18 年间就由 25 亿增加到 35 亿(增加了 10 亿)；而后，人口由 35 亿增至 45 亿只用了 12 年(1968—1980

年)。1900 年拥有 70 万以上人口的城市,全世界有 299 座,到 1951 年迅速增到 879 座,其中百万人口以上的大城市约有 69 座。在许多发达国家中,有半数人口住在城市。

(2) 工业不断集中和扩大,能源的消耗大增。1900 年世界能源消费量还不到 10 亿吨煤当量,至 1950 年就猛增至 25 亿吨煤当量;到 1956 年石油的消费量也猛增至 6 亿吨,在能源中所占的比例加大,又增加了新污染。大工业的迅速发展逐渐形成大的工业地带,而当时人们的环境意识还很薄弱,第一次环境问题高潮出现是必然的。

当时,在工业发达国家因环境污染已达到严重程度,直接威胁到人们的生命和安全,成为重大的社会问题,激起广大人民的不满,并且也影响了经济的顺利发展。1972 年的斯德哥尔摩人类环境会议就是在这种历史背景下召开的。这次会议对人类认识环境问题来说是一个里程碑。工业发达国家把环境问题摆上了国家议事日程,包括制定法律、建立机构、加强管理、采用新技术,20 世纪 70 年代中期环境污染得到了有效控制。城市和工业区的环境质量有明显改善。

4. 环境问题的第二次高潮(20 世纪 80 年代以后)

第二次高潮是伴随全球性环境污染和大范围生态破坏在 20 世纪 80 年代初开始出现的一次高潮。人们共同关心的影响范围大且危害严重的环境问题有 3 类。一是全球性的大气污染,如"温室效应"、臭氧层破坏和酸雨;二是大面积生态破坏,如大面积森林被毁、草场退化、土壤侵蚀和荒漠化;三是突发性的严重污染事件迭起。如印度博帕尔农药泄漏事件(1984 年 12 月),苏联切尔诺贝利核电站泄漏事故(1986 年 4 月),莱因河污染事故(1986 年 11 月)等。在 1979—1988 年这类突发性的严重污染事故就发生了 10 多起。这些全球性大范围的环境问题严重威胁着人类的生存和发展,不论是广大公众还是政府官员,也不论是发达国家还是发展中国家,都普遍对此表示不安。1992 年里约热内卢环境与发展大会正是在这种社会背景下召开的,这次会议是人类认识环境问题的又一里程碑。

前后两次高潮有很大的不同,具有明显的阶段性。

(1) 影响范围不同。第一次高潮主要出现在工业发达国家,重点是局部性、小范围的环境污染问题,如城市、河流、农田等。第二次高潮则是大范围乃至全球性的环境污染和大面积生态破坏。这些环境问题不仅对某个国家、某个地区造成危害,而且对人类赖以生存的整个地球环境造成危害。这不但包括了经济发达的国家,也包括了众多发展中国家。发展中国家不仅认识到全球性环境问题与自己休戚相关,而且本国面临的诸多环境问题,特别是植被破坏、水土流失和荒漠化等生态恶性循环,是比发达国家的环境污染危害更大、更难解决的环境问题。

(2) 就危害后果而言,前次高潮人们关心的是环境污染对人体健康的影响,环境污染虽也对经济造成损害,但问题还不突出。第二次高潮不但明显损害人类健康,每分钟因水污染和环境污染而死亡的人数全世界平均达到 28 人,而且全球性的环境污染和生态破坏已威胁到全人类的生存与发展,阻碍经济的持续发展。

(3) 就污染源而言,第一次高潮的污染来源尚不太复杂,较易通过污染源调查清楚产生环境问题的来龙去脉。只要一个城市、一个工矿区或一个国家下决心,采取措施,污染就可以得到有效控制。第二次高潮出现的环境问题,污染源和破坏源众多,不但分布广,而且来源杂,既来自人类的经济再生产活动,也来自人类的日常生活活动;既来自发达国家，也来自发展中国家，解决这些环境问题只靠一个国家的努力很难奏效，要靠众多国家，甚至全球人类的共同努力才行，这就极大地增加了解决问题的难度。

(4) 第一次高潮的"公害事件"与第二次高潮的突发性严重污染事件也不相同。一是带有突发性，二是事故污染范围大、危害严重、经济损失巨大。例如印度博帕尔农药泄漏事件，受害面积达 40 km^2，据美国一些科学家估计，死亡人数在 0.6 万～1 万人，受害人数在 10 万～20 万人之间，其中有许多人双目失明或终身残废，直接经济损失达数十亿美元。

1.2.2　当前世界面临的主要环境问题

当前人类所面临的主要环境问题是人口问题、资源问题、生态破坏问题和环境污染问题。它们之间相互关联、相互影响，成为当今世界环境科学所关注的主要问题。

1. 人口问题

人口的急剧增加可以认为是当前环境的首要问题。近百年来，世界人口的增长速度达到了人类历史上的最高峰，目前世界人口已达 60 亿！众所周知，人既是生产者，又是消费者。从生产者的角度来说，任何生产都需要大量的自然资源来支持，如农业生产要有耕地，工业生产要有能源，另外还需各类矿产资源、各类生物资源等。随着人口的增加、生产规模的扩大，一方面所需要的资源要继续或急剧增加，一方面在任何生产中都将有废物排出，且随着生产规模的增大会使环境污染加重。从消费者的角度来说，随着人口的增加、生活水平的提高，则对土地的占用(住、生产食物)越大，对各类资源如不可再生的能源和矿物、水资源等也急剧增加，当然排出的废弃物量也会增加，加重环境污染。众所周知，地球上一切资源都是有限的，即或是可恢复的资源如水或可再生的生物资源，也是有一定的再生速度的，在每年中是有一定可供量的。尤其是土地资源不仅总面积有限，人类难以改变，而且还是不可迁移的和不可重叠利用的。这样，有限的全球环境及其有限的资源必将限定地球上的人口。如果人口急剧增加，超过了地球环境的合理承载能力，则必造成生态破坏和环境污染。这些现象在地球上的某些地区已出现了，也正是人类要研究和改善的问题。

2. 资源问题

资源问题是当今人类发展所面临的另一个主要问题。众所周知，自然资源是人类生存发展不可缺少的物质依托和条件。然而，随着全球人口的增长和经济的发展，对资源的需求与日俱增，人类正面临某些资源短缺或耗竭的严重挑战。全球资源匮乏和危机主要表现在土地资源在不断减少和退化，森林资源锐减，淡水资源出现严重不足，某些矿产资源濒临枯竭等。

(1) 土地资源在不断减少和退化。

土地资源损失尤其是可耕地资源损失已成为全球性的问题，发展中国家尤为严重。目前，人类开发利用的耕地和牧场由于各种原因正在不断减少和退化，而全球可供开发利用的后备资源已很少，许多地区已经近于枯竭。随着世界人口的快速增长，人均占有的土地资源在迅速下降，这对人类的生存构成了严重威胁。据联合国环境规划署的资料，从 1975 年—2000 年，全球将有 $3 \times 10^{12} \text{ m}^2$ 耕地被侵蚀，另有 $3 \times 10^{12} \text{ m}^2$ 可能被压在新的城镇和公路之下。由此可见土地资源问题的严重性。

(2) 森林资源锐减。

森林是人类最宝贵的资源之一，它不仅能为人类提供大量的林木资源，具有重要的经济价值，而且它还具有调节气候、防风固沙、涵养水源、保持水土、净化大气、保护生物多样性、吸收 CO_2、美化环境等重要的生态学价值。森林的生态学价值要远远大于其直接的经济价值。

由于人类对森林的生态学价值认识不足，受短期利益的驱动，对森林资源的利用过度，使我国的森林资源锐减，造成了许多生态灾害。

世界森林资源的总量在减少。历史上森林植被变化最大的是在温带地区。自从大约8000年前开始大规模的农业开垦以来，温带落叶林已减少33%左右。但近几十年中，世界毁林集中发生在热带地区，热带森林正以前所未有的速率在减少。据估计，1981—1990年间全世界每年损失森林平均达 $1690×10^8 m^2$，每年再植森林约 $1054×10^8 m^2$，所以森林资源减少的形势仍是严峻的。

(3) 淡水资源出现严重不足。

目前，世界上有43个国家和地区缺水，占全球陆地面积的60%。约有20亿人用水紧张，10亿人得不到良好的饮用水。此外，由于严重的水污染，更加剧了水资源的紧张程度。水资源短缺已成为许多国家经济发展的障碍，成为全世界普遍关注的问题。当前，人类正面临着水资源短缺和用水量持续增长的双重矛盾。正如联合国早在1977年所发出的警告："水不久将成为一项严重的社会危机，石油危机之后的下一个危机是水。"

(4) 某些矿产资源濒临枯竭。

① 化石燃料濒临枯竭。

化石燃料是指煤、石油和天然气等从地下开采出来的能源。当代人类的社会文明主要是建立在化石能源的基础之上的。无论是工业、农业还是生活，其繁荣都依附于化石能源。而由于人类高速发展的需要和无知的浪费，化石燃料逐渐走向枯竭，并反过来直接影响人类的文明生活。

② 矿产资源匮乏。

与化石能源相似，人类不仅无计划地开采地下矿藏，而且在开采过程中浪费惊人，资源利用率很低，导致矿产资源储量不断减少甚至枯竭。

3. 生态破坏

全球性的生态环境破坏主要包括森林减少、土地退化、水土流失、沙漠化、物种消失等。

(1) 土地退化是当代最为严重的生态环境问题之一，它正在削弱人类赖以生存和发展的基础。土地退化的根本原因在于人口增长、农业生产规模扩大和强度增加、过度放牧以及人为破坏植被，从而导致水土流失、沙漠化、土地贫瘠化和土地盐碱化。

(2) 水土流失是当今世界上一个普遍存在的生态环境问题。据最新估计，全世界现有水土流失面积2500万 km^2，占全球陆地面积的16.8%，每年流失的土壤高达257亿吨。目前，世界水土流失区主要分布在干旱、半干旱和半湿润地区。

(3) 土地沙漠化是指以在非沙漠地区出现的风沙活动、沙丘起伏为主要标志的沙漠景观的环境退化过程。目前全球有 $36×10^{12} m^2$ 干旱土地受到沙漠化的直接危害，占全球干旱土地的 70%。沙漠化的扩展使可利用土地面积缩小，土地产出减少，降低了养育人口的能力，成为影响全球生态环境的重大问题。

(4) 生物种消失是全球普遍关注的重大生态环境问题。由于人类活动频繁，人类的足迹差不多已经遍及到世界上的每个角落，尤其是由于生物物种的不可逆转性，生物物种正以空前的速度在灭绝。倘若一个森林区的原面积减少 10%，即可使继续存在的生物品种下降至 50%。

据粗略估计，从公元前 8000 年至 1975 年，哺乳动物和鸟类的平均灭绝速度大约增加了 1000 倍。生物学家警告说，如果森林砍伐、沙漠化及湿地等的破坏按目前的速度继续下去，那么到 2010 年将有 100 万种生物从地球上消失。

4. 环境污染

环境污染作为全球性的重要环境问题，主要指的是温室气体过量排放造成的气候变化、臭氧层破坏、广泛的大气污染和酸沉降、有毒有害化学物质的污染危害及其越境转移、海洋污染等。

(1) 由于人类生产活动的规模空前扩大，向大气层排放了大量的微量组分(如 CO_2、CH_4、N_2O 等)，大气中的这些微量组分能使太阳的短波辐射透过，地面吸收了太阳的短波辐射后被加热，于是不断地向外发出长波辐射，又被大气中的这些组分所吸收，并以长波辐射的形式放射回地面，使地面的辐射不致于大量损失。因为这种作用与暖房玻璃的作用非常相似，称为温室效应。这些能使地球大气增温的微量组分，称为温室气体。温室气体的增加可导致气候变暖。研究表明，CO_2 浓度每增加 1 倍，全球平均气温将上升(3±1.5)℃。气候变暖会影响陆地生态系统中动植物的生理和区域的生物多样性，使农业生产能力下降。干旱和炎热的天气会导致森林火灾的不断发生和沙漠化过程的加快。气候变暖还会使冰川融化，海平面上升，大量沿海城市、低地和海岛将被水淹没，洪水不断。气候变暖会加大疾病的发病率和死亡率，据报道，美国由于夏季持续高温，曾导致上百人死亡。

(2) 处于大气平流层中的臭氧层是地球的一个保护层，它能阻止过量的紫外线到达地球表面，以保护地球生命免遭过量紫外线的伤害。然而，自 1958 年以来，发现高空臭氧有减少趋势，70 年代以来，这种趋势更为明显。1985 年在南极上空首次观察到臭氧减少的现象，并称其为"臭氧空洞"。近来又报道在北极上空也出现臭氧空洞。造成臭氧层破坏的主要原因是人类向大气中排放的氯氟烷烃化合物(氟里昂)、溴氟烷烃化合物(哈龙)及氧化亚氮(N_2O)、四氯化碳(CCl_4)、甲烷(CH_4)等能与臭氧(O_3)起化学反应，以致消耗臭氧层中臭氧的含量。研究表明，平流层臭氧浓度减少 1%，地球表面的紫外线强度将增加 2%，紫外线辐射量的增加会使海洋浮游生物和虾蟹、贝类大量死亡，造成某些生物绝迹；还会使农作物小麦、水稻减产；使人类皮肤癌发病率增加 3%～5%，白内障发病率将增加 1.6%，这将对人类和生物造成严重危害。有学者认为平流层中 O_3 含量减至 1/5 时，地球能否存在将成为问题。

(3) 酸雨是 pH<5.6 的雨、雪或其他形式的大气降水。酸雨或酸沉降导致的环境酸化是最大的环境污染问题之一。伴随着人口的快速增长和迅速的工业化，酸雨和环境酸化问题一直呈发展趋势，影响地域逐渐扩大，由局部地区问题发展成为跨国问题，由工业化国家扩大到发展中国家。现在，世界酸雨主要集中在欧洲、北美和中国西南部 3 个地区。酸雨的形成主要是由人类排入大气中的 NO_x 和 SO_x 的影响所致。

可以说，哪里有酸雨，哪里就有危害。酸雨是空中死神、空中杀手、空中化学定时炸弹。酸雨对环境和人类的危害是多方面的。如酸雨可引起江、河、湖、水库等水体酸化，影响水生动植物的生长，当湖水的 pH 降到 5.0 以下时，湖泊将成为无生命的死湖。酸雨可使土壤酸化，有害金属(Al、Cd)溶出，使植物体内有害物质含量增高，对人体健康造成危害，尤其是植物叶面首当其冲，受害最为严重，直接危害农业和森林草原生态系统，瑞典每年因酸雨损失的木材达 450 万立方米。酸雨可使铁路、桥梁等建筑物的金属表面受到腐蚀，降低其使用寿命。酸雨会加速建筑物的石料及金属材料的风化、腐蚀，使主要成分为 $CaCO_3$ 的纪念碑、石刻壁雕、塑像等文化古迹受到腐蚀和破坏。据估计，美国每年花费在修复因酸雨破坏的文物古迹上的费用就达 50 亿美元。酸化的饮用水对人的健康危害更大、更直接。

(4) 有毒有害化学物质的污染危害及其越境转移。

在工业发达国家，危险废物处置费用昂贵，使得一些公司极力向发展中国家和地区转移危险废物，转移量每年大约 5000 万吨。由于危险废物的输入国缺乏相应的技术和经济实力，导致危险废物对当地生态环境和人体健康造成损害，长此以往将会对全球环境造成危害。1985 年 12 月联合国环境规划署在开罗召开了会议，讨论、制定了危险废物的环境无害管理政策。要求对于危险废物跨国界移动问题，输出国与输入国之间要本着对保护全球环境负责的精神实行国际合作，制定国际条约来对危险废物越界输送加以适当管制，防止发生危险废物任意处置的事情。

(5) 海洋污染是目前海洋环境面临的最重大问题。目前局部海域的石油污染、赤潮、海面漂浮垃圾等现象非常严重，并有扩展到全球海洋的趋势。据估计，输入海洋的污染物，有 40% 是通过河流输入的，30% 是由空气输入的，海运和海上倾倒各占 10% 左右。人类每年向海洋倾倒约 600 万～1000 万吨石油、1 万吨汞、100 万吨有机氯农药和大量的氮、磷等营养物质。我国自 1980 年以后，由于氮、磷等营养物聚集在浅海或半封闭海域中，促使浮游生物过量繁殖，以致发生赤潮的事件达 20 起，1999 年 7 月 13 日，辽东湾海域发生了有史以来最大的一次赤潮，面积达 6300 km^2。

赤潮的危害主要表现在以下几个方面。赤潮生物可分泌黏液，粘附在鱼类等海洋动物的鳃上，妨碍其呼吸而使其窒息死亡；赤潮生物可分泌毒素，使生物中毒或通过食物链引起人类中毒；赤潮生物死亡后，其残骸被需氧微生物分解，消耗水中溶解氧，造成缺氧环境，促使厌氧气体(NH_3、H_2S、CH_4)的形成，引起鱼、虾、贝类死亡；赤潮生物吸收阳光，遮盖海面(几十厘米)，使水下生物得不到阳光而影响其生存和繁殖；赤潮引起海洋生态系统结构变化，造成食物链局部中断，破坏海洋的正常生产过程。

海水中的重金属、石油、有毒有机物不仅危害海洋生物，并能通过食物链危害人体健康，破坏海洋旅游资源。

1.3 环境科学

1.3.1 环境科学的产生

环境科学是在人们亟待解决环境问题的社会需要下迅速发展起来的。它是一个由多学科到跨学科的庞大科学体系组成的新兴学科，也是一个介于自然科学、社会科学和技术科学之间的边际学科。环境科学形成的历史虽然很短，只有几十年，但它随着环境保护实际工作的迅速展开和环境科学理论研究的深入，其概念和内涵日益丰富和完善。目前，环境科学可定义为"一门研究人类社会发展活动与环境演化规律之间相互作用关系，寻求人类社会与环境协同演化、持续发展途径与方法的科学"。它的形成和发展过程与传统的自然科学、社会科学、技术科学都有着十分密切的联系。

环境科学，作为一门学科，产生于 20 世纪五六十年代，然而人类关于对环境必须加以保护的认识则可追溯到人类社会的早期。我国早在春秋战国时代就有所谓"天人关系"的争论。孔子倡导"天命论"，主张"尊天命"、"畏天命"，认为天命不可抗拒，可为近代地球环境决定论的先驱。荀子则与其相反，针锋相对地提出"天人之分"，主张"制天命而用之"，认为"人定胜天"。在古埃及、希腊、罗马等地也有过类似的论述。在 1950 —1960 年，全球性的环境污染与破坏引起人类思想的极大震动和全面反省。1962 年，美国海洋生物学家蕾切尔·卡逊(R.Carson)出版了《寂静的春天》一书，通俗地说明杀虫剂污染造成了严重的生态灾害。该书是人类进行全面反省的信号。可以认为，以此为标志，近代环境科学开始产生并发展起来。环境科学在短短的几十年内，出现了两个重要的历史阶段，第一阶段是直接运用地学、生物学、化学、物理学、公共卫生学、工程技术科学的原理与方法，阐明环境污染的程度、危害和机理，探索相应的治理措施和方法，由此发展出环境地学、环境生物学、环境化学、环境物理学、环境医学、环境工程学等一系列新的边缘性分支学科。由于污染防治的实践活动表明，有效的环境保护同时还必须依赖于对人类活动及社会关系的科学认识与合理调节，于是又涉及到许多社会科学的知识领域，并相应地产生了环境经济学、环境管理学、环境法学等。自然科学、社会科学、技术科学新分支学科的出现和汇聚标志着环境科学的诞生。这一阶段的特点是直观地确定对象，直接针对环境污染与生态破坏现象进行研究。在此基础上发展起来的、具有独立意义的理论，主要是环境质量学说。其中包括环境中污染物质迁移转化规律、环境污染的生态效应和社会效应、环境质量标准和评价等科学内容。与此相应，这一阶段的方法论是系统分析方法的运用，寻求对区域环境污染进行综合防治的方法，寻求局部范围内既有利于经济发展又有利于改善环境质量的优化方案。因此，在这一阶段环境科学被定义为环境质量及其保护与改善的科学。由于环境问题在实质上是人类社会行为失误造成的，是复杂的全球性问题，要从根本上解决环境问题，必须寻求人类活动、社会物质系统的发展与环境演化三者之间的统一。因此，环境科学发展到一个更高一级的新阶段，即把社会与环境的直接演化作为研究对象，综合考虑人口、经济、资源与环境等主要因素的制约关系，从多层次乃至最高层次上探讨人与环境协调演化的具体途径。它涉及到科学技术发展方向的调整、社会经济模式的改变、人类生活方式和价值观念的改变等。与此相应，环境科学成为主要研究环境结构与状态的运动变化规律及其与人类社会活动之间的关系，并在此基础上研究寻求正确解决环境问题，确保人类社会与环境之间协同演化、持续发展的途径和方法的科学。

1.3.2 环境科学的研究内容和分支学科

1. 主要研究内容

环境科学研究的主要内容有 4 个方面。

(1) 环境质量的基础理论。包括环境质量状况的综合评价，污染物质在环境中的迁移、转化、增多和消失的规律，环境自净能力的研究，环境污染破坏对生态的影响等。

(2) 环境质量的控制与防治。包括改革生产工艺，搞好综合利用，尽量减少或不产生污染物质以及净化处理技术；合理利用和保护自然资源；搞好区域规划和综合防治等。

(3) 环境监测分析技术，环境质量预报技术。

(4) 环境污染与人体健康的关系，特别是环境污染所引起的致癌、致畸、致突变的研究与防治。

2. 环境科学的分支学科

在现阶段，环境科学主要是运用自然科学和社会科学有关学科的理论、技术和方法来研究环境问题，形成与有关学科相互渗透、相互交叉的许多分支学科。属于自然科学方面的有环境地学、环境生物学、环境化学、环境物理、环境医学、环境工程学，属于社会科学方面的有环境管理学、环境经济学、环境法学、环境教育学、环境伦理学等。

环境地学以人-地系统为对象，研究它的发生和发展、组成和结构、调节和控制、改造和利用。主要研究内容有地理环境和地质环境的组成、结构、性质和演化，环境质量调查、评价和预测，以及环境质量变化对人类的影响等。

环境生物学研究生物与受人类干预的环境之间相互作用的机理和规律。它以生态系统为研究核心，向两个方向发展：从宏观上研究环境中污染物在生态系统中的迁移、转化、富集和归宿，以及对生态系统结构和功能的影响；从微观上研究污染物对生物的毒理作用和遗传变异影响的机理和规律。

环境化学主要是鉴定和测量化学污染物在环境中的含量，研究它们的存在形态和迁移、转化规律及其分解成为无害的简单化合物的机理。

环境物理学研究物理环境和人类之间的相互作用。主要研究声、光、热、电磁场和射线对人类的影响，以及消除其不良影响的技术途径和措施。

环境医学研究环境与人群健康的关系，特别是研究环境污染对人群健康的有害影响及其预防措施。内容有探索污染物在人体内的动态和作用机理，查明环境致病因素和致病条件，阐明污染物对健康损害的早期反应和潜在的远期效应，以便为制定环境卫生标准和采取预防措施提供科学依据。

环境工程学运用工程技术的原理和方法，防治环境污染，合理利用自然资源，保护和改善环境质量。主要研究内容有大气污染防治工程、水污染防治工程、固体废物的处理和利用、噪声控制工程等。并研究环境污染综合防治，以及运用系统分析和系统工程的方法，从区域环境的整体上寻求解决环境问题的最佳方案。

环境管理学研究采用行政的、法律的、经济的、教育的和科学技术的各种手段调整社会经济发展同环境保护之间的关系，处理国民经济各部门、各社会集团和个人有关环境问题的相互关系，通过全面规划和合理利用自然资源，达到保护环境和促进经济发展的目的。

环境经济学研究经济发展和环境保护之间的相互关系，探索合理调节人类经济活动和环境之间物质交换的基本规律，其目的是使经济活动能取得最佳的经济效益和环境效益。

环境法学研究关于保护自然资源和防治环境污染的立法体系、法律制度和法律措施，目的在于调整因保护环境而产生的社会关系。

环境教育学以跨学科培训为特征，以唤起受教育者的环境意识，理解人类与环境的相互关系，发展解决环境问题的技能，树立正确的环境价值观和态度的一门教育学科。

环境伦理学从伦理和哲学的角度研究人类与环境的关系，是人类对待环境的思维和行为的准绳。

环境是一个有机的整体，环境污染又是极其复杂的、涉及面相当广泛的问题。因此，在环境科学的发展过程中，环境科学的各个分支学科虽然各有特点，但又互相渗透、互相依存，它们是环境科学这个整体的不可分割的组成部分。

1.3.3 环境科学的任务

环境科学的基本任务，从宏观上来说是研究人类-环境的发展规律，调控人类与环境间的相互作用关系，探索两者可持续发展的途径与方法；从微观上来说，是研究环境中的物质在环境中的迁移转化规律及它们与人类的关系。具体地说，环境科学的主要任务有以下几个。

(1) 探索人类社会持续发展对环境的影响及其环境质量的变化规律，了解全球环境变化的历史、演化机理、环境结构及基本特征等，从而为改善和创造新环境提供科学依据。

(2) 揭示人类活动同自然环境之间的关系，探索环境变化对人类生存和地球环境安全的影响。环境科学以"可持续发展"的观点为指导，对两者的关系进行协调，使环境在为人类提供资源的同时，又不遭到破坏，实现人类社会和环境的协调发展。物理、化学、生物和社会等因素及它们的相互作用都会引起环境变化，因此，环境科学研究污染物在环境中的迁移、转化、作用机理及对人体的影响，探索污染物对人体健康危害的机理及环境毒理学，从而为人类正常、健康地生活提供服务。

(3) 帮助人类树立正确的社会发展观，研究和探讨环境污染控制技术和管理手段，对不同时空尺度下环境问题的解决途径进行系统优化，推进可持续发展战略的实施。从区域环境的整体上调节控制"人类-环境"系统，寻求解决区域环境问题的最佳方案，综合分析自然自身的状况、调节能力以及人类对其进行改造所采取的技术措施，为制定区域环境管理体制提供理论指导。

复习和思考

1. 什么是环境要素？环境要素有哪些属性？
2. 当前人类面临的主要环境问题有哪些？
3. 怎样理解环境科学的综合性、边缘性和交叉性等特点？

第2章 生态学基础

随着人口的增长和工业的快速发展，人类正以前所未有的规模和强度影响着环境。人类赖以生存的自然环境在退化，生存的基本条件受到严重的破坏。全球性环境问题日益突出，如人口膨胀、资源枯竭、环境污染、生态失衡等。这些问题的解决，都有赖于生态学理论的指导。

2.1 生 态 学

2.1.1 生态学的概念

生态学(Ecology)一词源于希腊文 oikos，其意为"住所"或"栖息地"。从字意上讲，生态学是关于居住环境的科学。1866 年德国生物学家 H.Haeckel(海克尔)在《普通生物形态学》一书中第一次正式提出生态学的概念，并将生态学定义为："生态学是研究生物与其环境关系的科学。"

我国著名生态学家马世骏教授定义生态学为："研究生物与环境之间相互关系及其作用机理的科学。"目前，最为全面且被大多数学者所采用的定义为："研究生物与生物、生物与环境之间的相互关系及其作用机理的科学。"

2.1.2 生态学的发展

纵观生态学的发展，可将其分为两个阶段。

1. 生物学分支学科阶段

20 世纪 60 年代以前，生态学基本上局限于研究生物与环境之间的相互关系，隶属于生物学的一个分支学科。初期的生态学主要是以各大生物类群与环境相互关系为研究对象，因而出现了植物生态学、动物生态学、微生物生态学等。进而以生物有机体的组织层次与环境的相互关系为研究对象，出现了个体生态学、种群生态学和生态系统生态学。

个体生态学就是研究各种生态因子对生物个体的影响。各种生态因子包括阳光、大气、水分、温湿度、土壤、环境中的其他相关生物等。各种生态因子对生物个体的影响，主要表现在引起生物个体生长发育、繁殖能力和行为方式的改变等。

种群是指在同一时空中同种生物个体所组成的集合体，种群生态学主要是研究在种群与其生存环境的相互作用下，种群的空间分布和数量变动的规律。

生态系统生态学主要是研究生物群落与其生存环境相互作用下，生态系统结构和功能的变化及其稳定性(所谓的生物群落就是指在同一时空中多个生物种群的集合体)。

2. 综合性学科阶段

20 世纪 50 年代后半期以来，由于工业发展、人口膨胀，粮食短缺、环境污染、资源紧张等一系列世界性环境问题相继出现，迫使人们不得不努力去寻求协调人类与自然的关

系、探求全球可持续发展的途径，人们寄希望于集中全人类的智慧，更期望生态学能作出自己的贡献，在这种社会需求下，生态学有了进一步的发展。

近代系统科学、控制论、计算机技术和遥感技术等的广泛应用，为生态学对复杂系统结构的分析和模拟创造了条件，为深入探索复杂系统的功能和机理提供了更为科学和先进的手段，这些相邻学科的"感召效应"也促进了生态学的高速发展。

随着现代科学技术向生态学的不断渗透，生态学被赋予了新的内容和动力，突破了原有生物科学的范畴，成为当代最为活跃的领域之一。生态学在基础研究方面已趋于向定性和定量相结合、宏观与微观相结合的方向发展，并进一步研究生物与环境之间的内在联系及其作用机理，使生态学原有的个体生态学、种群生态学和生态系统生态学等各个分支学科均有不同程度的提高，达到了一个新的水平。同时，生态学与相邻学科的相互交融，也产生了若干个新的学科生长点，例如，生态学与数学相结合，形成了数学生态学，数学生态学不仅对阐明复杂生态系统提供了有效的工具，而且数学的抽象和推理也将有助于对生态系统复杂现象的解释和有关规律的探求，这必将导致生态学新理论和新方法的出现；生态学与化学相结合，形成了化学生态学，化学生态学不仅可以揭示生物与环境之间相互作用关系的实质，而且在探求对有害生物防治方面，如农药的使用，也提供了有效的手段。

随着经济建设和社会的发展，出现了一些违背生态学规律的现象，如人口膨胀、资源浪费、环境污染、生态破坏等，引发了一系列经济问题和社会问题，迫使人们在运用经济规律的同时，也去积极主动地探索对生态规律的应用。此时，生态学与经济学、社会学相互渗透，使生态学出现了突破性的新进展。生态学不仅限于研究生物圈内生物与环境的辩证关系及其相互作用的规律和机理，也不仅限于研究人类活动(主要是经济活动)与自然环境的关系，而是研究人类与社会环境的关系。

研究人类与其生存环境的关系及其相互作用的规律，这就形成了人类生态学。研究人类与各类人工环境的关系及其相互作用的规律，就构成了人类生态学的众多分支学科。例如，研究人类与社会环境的关系及其相互作用的规律形成了社会生态学，研究人类与经济、政治、教育环境的关系则分别形成了经济生态学、政治生态学和教育生态学等，研究城市居民与城市环境的关系及其相互作用的规律形成了城市生态学，研究人类与工业环境的关系及其相互作用的规律形成了工业生态学，研究人类与农业环境的关系及其相互作用的规律形成了农业生态学等。

目前，生态学正以前所未有的速度，在原有学科理论和方法的基础上，与自然科学和社会科学相互渗透，向纵深方向发展，并不断拓宽自己的研究领域。生态学将以生态系统为中心，以生态工程为手段，在协调人与人、人与自然的复杂关系、探求全球走可持续发展之路、建设和谐社会方面作出重要的贡献，21世纪是生态的世纪。

2.2　生　态　系　统

2.2.1　生态系统的概念

生态系统的概念是英国植物群落学家坦斯莱(A.G.Tansley)在20世纪30年代首先提出的。生态系统的研究内容与人类的关系十分密切，对人类的活动具有直接的指导意义，所以，很快得到了人们的重视，20世纪50年代后期已得到了广泛传播，20世纪60年代以后逐渐成为生态学研究的中心。

生态系统是生态学中最重要的一个概念，也是自然界最重要的功能单位。生态系统就是在一定的空间中共同栖居着的所有生物(即生物群落)与其环境之间由于不断地进行物质和能量流动而形成的统一整体。如果将生态系统用一个简单明了的公式概括，可表示为：生态系统 = 生物群落+非生物环境。

2.2.2 生态系统的组成和结构

1. 生态系统的组成

所有的生态系统，不论陆生的还是水生的，都可以概括为两大部分或 4 种基本成分。两大部分是指非生物部分和生物部分，4 种基本成分包括非生物环境和生产者、消费者与分解者三大功能类群，如图 2.1 所示。

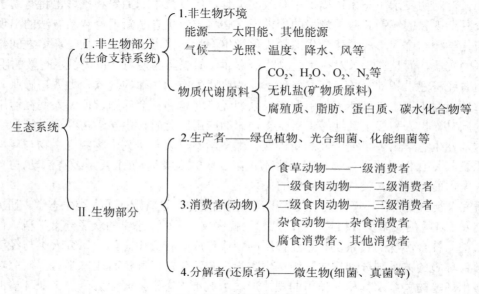

图 2.1　生态系统的组成

1) 非生物部分

非生物部分是指生物生活的场所，物质和能量的源泉，也是物质和能量交换的地方，非生物部分具体包括：①气候因子，如光照、热量、水分、空气等；②无机物质，如氮、氧、碳、氢及矿物质等；③有机物质，如碳水化合物、蛋白质、腐殖质及脂类等。非生物部分在生态系统中的作用，一方面是为各种生物提供必要的生存环境，另一方面是为各种生物提供必要的营养元素，可统称为生命支持系统。

2) 生物部分

生物部分由生产者、消费者和分解者构成。

(1) 生产者。

生产者主要是绿色植物，包括一切能进行光合作用的高等植物、藻类和地衣。这些绿色植物体内含有光合作用色素，可利用太阳能把 CO_2 和水合成有机物，同时放出氧气。除绿色植物以外，还有利用太阳能和化学能把无机物转化为有机物的光能自养微生物和化能自养微生物。

生产者在生态系统中不仅可以生产有机物，而且能在将无机物合成有机物的同时，把太阳能转化为化学能，储存在生成的有机物中。生产者生产的有机物及储存的化学能，一方面满足生产者自身生长发育的需要，另一方面，也用来维持其他生物全部的生命活动，是其他生物类群以及人类的食物和能源的供应者。

(2) 消费者。

消费者由动物组成，它们以其他生物为食，自己不能生产食物，只能直接或间接地依赖于生产者所制造的有机物获得能量。根据不同的取食地位，可分为：一级消费者(亦称初级消费者)，直接依赖生产者为生，包括所有的食草动物，如牛、马、兔、池塘中的草鱼以及许多陆生昆虫等；二级消费者(亦称次级消费者)，是以食草动物为食的食肉动物，如鸟类、青蛙、蜘蛛、蛇、狐狸等。食肉动物之间又是"弱肉强食"，由此，可以进一步分为三级消费者、四级消费者，这些消费者通常是生物群落中体型较大、性情凶猛的种类。另外，消费者中最常见的是杂食性消费者，是介于草食性动物和肉食性动物之间，既食植物又食动物的杂食性动物，如猪、鲤鱼、大型兽类中的熊等。

消费者在生态系统中的作用之一是实现物质和能量的传递。如草原生态系统中的青草、野兔和狼，其中，野兔就起着把青草制造的有机物和储存的能量传递给狼的作用。消费者的另一个作用是实现物质的再生产，如草食性动物可以把草本植物的植物性蛋白再生产为动物性蛋白。所以，消费者又可称为次级生产者。

(3) 分解者。

分解者也称为还原者，主要包括细菌、真菌、放线菌等微生物以及土壤原生动物和一些小型无脊椎动物。这些分解者的作用，就是把生产者和消费者的残体分解为简单的物质，最终以无机物的形式归还到环境中，再供生产者利用。所以，分解者对于生态系统中的物质循环具有非常重要的作用。

2. 生态系统的结构

生态系统的基本结构主要有两种形式：形态结构和营养结构。

1) 形态结构

生态系统的形态结构指生物成分在空间、时间上的配置与变化,即空间结构和时间结构。

(1) 空间结构。

空间结构是生物群落的空间格局状况，包括群落的垂直结构(成层现象)和水平结构(种群的水平配置格局)。例如，一个森林生态系统，在空间分布上，自上而下具有明显的成层现象，地上有乔木、灌木、草本植物、苔藓植物，地下有深根系、浅根系及根系微生物和微小动物。在森林中栖息的各种动物，也都有其相对的空间位置，包括在树上筑巢的鸟类、在地面行走的兽类和在地下打洞的鼠类等。在水平分布上，林缘、林内植物和动物的分布也有明显的不同。

(2) 时间结构。

时间结构主要指物种的时间变化关系和发育特征构成一个完整的季相。例如，长白山森林生态系统，冬季满山白雪覆盖，到处是一片林海雪原；春季冰雪融化，绿草如茵；夏季鲜花遍野，五彩缤纷；秋季又是果实累累，气象万千。不仅在不同季节有着不同的季相变化，就是昼夜之间，其形态也会表现出明显的差异。

2) 营养结构

生态系统各组成部分之间，通过营养联系构成了生态系统的营养结构，其一般模式如图 2.2 所示。

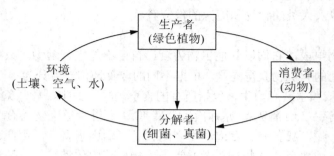

图 2.2　生态系统的营养结构

生产者可向消费者和分解者分别提供营养，消费者也可向分解者提供营养，分解者又把营养物质输送给环境，由环境再供给生产者。这既是物质在生态系统中的循环过程，也是生态系统营养结构的表现形式。不同生态系统的成分不同，其营养结构的具体表现形式也会因之各异。

2.2.3　生态系统的类型

自然界中的生态系统是多种多样的，为了方便研究，人们从不同角度将生态系统分成了若干个类型。

(1) 按照生态系统的生物成分，可分为：①植物生态系统，如森林、草原等生态系统；②动物生态系统，如鱼塘、畜牧等生态系统；③微生物生态系统，如落叶层、活性污泥等生态系统；④人类生态系统，如城市、乡村等生态系统。

(2) 按照环境中的水体状况，可把地球上的生态系统划分为：①陆生生态系统，还可以进一步将其划分成荒漠生态系统、草原生态系统、稀树干草原和森林生态系统等；②水域生态系统，包括淡水生态系统和海洋生态系统，见表 2-1。

表 2-1　地球上的生态系统类型

陆生生态系统	水域生态系统
荒漠：干荒漠、冷荒漠	淡水
苔原	静水：湖泊、池塘水库等
极地	流水：河流、溪流等
高山	湿地：沼泽
草地：湿草地、干草原	海洋
稀树干草原	远洋
温带针叶林	珊瑚礁
亚热带常绿阔叶林	浅海(大陆架)
热带雨林：雨林、季雨林	河口
农业生态系统	海峡
城市生态系统	海岸带

(3) 按照人为干预的程度划分，可把生态系统分为自然生态系统、半自然生态系统和人工生态系统。自然生态系统指没有或基本没有受到人为干预的生态系统，如原始森林、未经放牧的草原、自然湖泊等；半自然生态系统指虽然受到人为干预，但其环境仍然保持一定自然状态的生态系统，如人工培育过的森林、经过放牧的草原、养殖的湖泊等；人工生态系统指完全按照人类的意愿，有目的、有计划地建立起来的生态系统，如城市、工厂、矿山等。

随着城市化的发展，人类面临人口、资源和环境等都直接或间接地关系到经济发展、社会进步和人类赖以生存的自然环境 3 个不同性质的问题。实践要求把三者综合起来加以考虑，于是产生了社会-经济-自然复合生态系统的新概念。这种系统是最为复杂的，它把生态、社会和经济多个目标一体化，使系统复合效益最高、风险最小、活力最大。

城市是一个典型的以人为中心的社会-经济-自然复合生态系统。它不仅包括大自然生态系统所包含的所有生物要素与非生物要素，而且还包含人类最重要的社会及经济要素。在整个城市生态系统中又可分为 3 个层次的亚系统，即自然亚系统、经济亚系统和社会亚系统。自然亚系统包括城市居民赖以生存的基本物质环境，它以生物与环境协同共生及环境对城市活动的支持、容纳、缓冲及净化为特征。社会亚系统是以人为核心，以满足城市居民的就业、居住、交通、供应、文娱、医疗、教育及生活环境等需求为目标，为经济亚系统提供劳力和智力，并以高密度的人口和高强度的生活消费为特征。经济亚系统以资源为核心，由工业、农业、建筑、交通、贸易、金融、信息、科教等部门组成，它以物质从分散向集中的高密度运转，能量从低质向高质的高强度聚集，信息从低序向高序的连续积累为特征。三个亚系统之间的关系如图 2.3 所示。

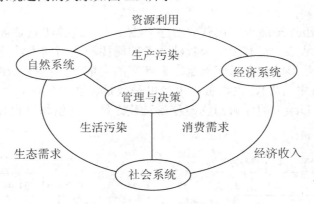

图 2.3 城市生态系统各亚系统之间的关系

上述各个亚系统除内部自身的运转外，各亚系统之间的相互作用、相互制约构成了一个不可分割的整体。各亚系统的运转或系统间的联系如果失调，便会造成整个城市系统的紊乱和失衡，因此，就需要城市的相关部门制定政策，采取措施，发布命令，对整个城市生态系统的运行进行调控。

2.2.4 生态系统的功能

生态系统的功能主要表现在生态系统具有一定的能量流动、物质循环和信息传递。食物链(网)和营养级是实现这些功能的保证。

1. 食物链(网)和营养级

1) 食物链(网)

生态系统各组成成分之间建立起来的营养关系，构成了生态系统的营养结构，它是生态系统中能量流动和物质循环的基础。一般地，生态系统通过这种营养关系建立起来的链锁关系称为"食物链"。

实际上，生态系统中的食物链很少是单条、孤立出现的(除非食物性都是专一的)，它往往是交叉链锁，并且形成复杂的网络结构，即食物网。例如，田间的田鼠可能吃好几种植物的种子，而田鼠也是好几种肉食性动物的捕食对象，每一种肉食性动物又以多种动物为食等。

食物网是自然界普遍存在的现象。生产者制造有机物，各级消费者消耗这些有机物，生产者和消费者之间相互矛盾，又相互依存。不论是生产者还是消费者，其中某一种群数量突然发生变化，必然牵动整个食物网，并且在食物链上反映出来。生态系统中各生物成分间，正是通过食物网发生直接或间接的联系，保持着生态系统结构和功能的稳定性。食物链上某一环节的变化，往往会引起整个食物链的变化，甚至影响生态系统的结构。

2) 营养级

食物链上的各个环节叫营养级。一个营养级指处于食物链某一环节上的所有生物的总和。例如，作为生产者的绿色植物和所有自养生物都位于食物链的起点，共同构成第一营养级；所有以生产者(主要是绿色植物)为食的动物都属于第二营养级，即草食性动物营养级；第三营养级包括所有以草食性动物为食的肉食性动物，以此类推。由于能量在通过营养级时会急剧地减少，所以食物链就不可能太长，生态系统中的营养级一般只有四五级，很少有超过6级的。

能量通过营养级逐渐减少。在营养级序列上，上一营养级总是依赖于下一营养级，下一营养级只能满足上一营养级中少数消费者的需要，逐渐向上，营养级的物质、能量呈阶梯状递减，于是形成一个以底部宽、上部窄的尖塔形，称为"生态金字塔"。生态金字塔可以是能量(生产力)、生物量，也可以是数量。在寄生性食物链上，生物数量往往呈倒金字塔，在海洋中的浮游植物与浮游动物之间，其生物量也往往呈倒金字塔形，如图2.4所示。

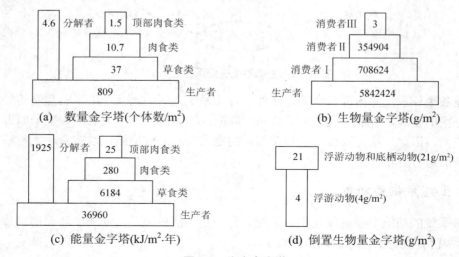

图 2.4 生态金字塔

了解了食物链和营养级，就很容易理解生态系统的三大功能。

2. 生态系统的三大功能

1) 能量流动

能量是生态系统的动力，是一切生命活动的基础。一切生命活动都需要能量，并且伴随有能量的转化，否则就没有生命，没有有机体，也就没有生态系统，而太阳能正是生态系统中能量的最终来源。能量有两种形式：动能和潜能。动能是生物及其环境之间以传导和对流的形式相互传递的一种能量，包括热和辐射。潜能是蕴藏在生物有机分子键内处于静态的能量，代表着一种做功的能力和做功的可能性。太阳能正是通过植物光合作用而转化为潜能并储存在有机分子键内的。

从太阳能到植物的化学能，然后通过食物链的联系，使能量在各级消费者之间流动，这样就构成了能流。能流是单向性的，每经过食物链的一个环节，能流就有不同程度的散失，食物链越长，散失的能量必然就越多。由于生态系统中的能量在流动中是层层递减的，所以需要由太阳不断地补充能量，才能维持下去。

(1) 能量流动的过程。

生态系统中全部生命活动所需要的能量最初均来自太阳。太阳能被生物利用，是通过绿色植物的光合作用实现的，光合作用在合成有机物的同时将太阳能也转化成化学能，储存在有机物中。绿色植物体内储存的能量通过食物链在传递营养物质的同时，依次传递给食草动物和食肉动物。动植物的残体被分解者分解时，又把能量传递给分解者。此外，生产者、消费者和分解者的呼吸作用都会消耗一部分能量，消耗的能量被释放到环境中去。这就是能量在生态系统中的流动，如图 2.5 所示。

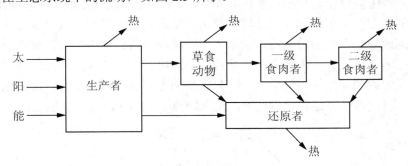

图 2.5 生态系统的能量流动

(2) 能量流动的特点。

能量流动的特点有：①就整个生态系统而言，生物所含能量是逐级减少的；②在自然生态系统中，太阳是唯一的能源；③生态系统中能量的转移受各类生物的驱动，它们可直接影响能流的速度和规模；④生态系统的能量一旦通过呼吸作用转化为热能，散逸到环境中去，就不能再被生物所利用。因此，系统中的能量呈单向流动，不能循环。

在能量流动的过程中，能量的利用效率就称为生态效率。能量的逐级递减基本上是按照"十分之一定律"进行的，也就是说，从一个营养级到另一个营养级的能量转化率为 10%，能量流动过程中有 90% 的能量被损失掉了，这就是营养级一般不能超过 4 级的原因。

2) 物质循环

生命的维持不但需要能量,而且也依赖于各种化学元素的供应。如果说生态系统中的能量来源于太阳,那么物质则是由地球供应的。生态系统从大气、水体和土壤等环境中获得营养物质,通过绿色植物吸收,进入生态系统,被其他生物重新利用,最后再归还于环境中,形成物质循环,又称为生物地球化学循环。

碳、氢、氧、氮、磷、硫是构成生命有机体的主要物质,也是自然界中的主要元素,因此,这些物质的循环是生态系统中基本的物质循环。钙、镁、钾、钠等是生命活动需要的大量元素,而锌、铜、硼、锰、钼、钴、铝、铬、氟、碘、硒、硅、锶、钛、钒、锡、镓等是生命需要的微量元素,它们在生态系统中也构成各自的循环。

各种元素在环境中都存在一个或多个贮库。元素在贮库中的数量大大超过结合于生物体中的数量,从贮库向外释放的速度往往很慢。某物质的库量与流通率之比称为周转时间,表示其在该库中更新一次所需要的时间。水在大气库中的周转时间是 10.5 天,氮在大气库中的周转时间是近 100 万年,硅在海洋库中的周转时间是八千年,钠在海洋库中的周转时间是 2.06×10^6 年。

物质在库与库之间的转移就是物质流动,这种物质流动构成的循环,即称为物质循环。根据贮库性质的不同,生物地球化学循环又可分为 3 种类型,即水循环、气态型循环和沉积型循环。气态型循环的主要贮库是大气,元素在大气中也以气态出现,如碳、氮的循环。沉积型循环的主要储库是土壤、岩石和地壳,元素以固态出现,如磷的循环。

(1) 水循环。

水由氢和氧组成,是生命过程中氢的主要来源,一切生命有机体的主要成分都是水。水又是生态系统中能量流动和物质循环的介质,整个生命活动就是处在无限的水循环之中。

水循环的动力是太阳辐射。水循环主要是在地表水的蒸发与大气降水之间进行的。海洋、湖泊、河流等地表水通过蒸发,进入大气;植物吸收到体内的大部分水分通过蒸发和蒸腾作用,也进入大气。在大气中水分遇冷,形成雨、雪、雹,重新返回地面,一部分直接落入海洋、河流和湖泊等水域中;一部分落到陆地表面,渗入地下,形成地下水,供植物根系吸收;另一部分在地表形成径流,流入河流、湖泊和海洋,如图 2.6 所示。

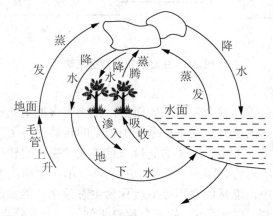

图 2.6　全球水循环

(2) 碳循环。

碳是一切生物体中最基本的成分，有机体中的 45%以上是碳。在无机环境中，碳主要以 CO_2 和碳酸盐的形式存在。碳的主要循环形式是从大气的 CO_2 储存库开始，经过生产者的光合作用，把碳固定，生成糖类，然后经过消费者和分解者，在呼吸和残体腐败分解后，再回到大气储存库中。

植物通过光合作用，将大气中的 CO_2 固定在有机体中，包括合成多糖、脂肪和蛋白质，而储存于植物体内。食草动物吃了以后经消化合成，通过逐个营养级，再消化再合成。在这个过程中，部分碳又经过呼吸作用回到大气中；另一部分成为动物体的组分，动物排泄物和动植物残体中的碳，则由微生物分解为 CO_2，再回到大气中。

除了大气，碳的另一个储存库是海洋，海洋的含碳量是大气的 50 倍，更重要的是海洋对调节大气中的含碳量起着重要的作用。在水体中，同样由水生植物将大气中扩散到水上层的 CO_2 固定转化为糖类，通过食物链经消化合成，各种水生动植物呼吸作用又释放 CO_2 到大气。动植物残体埋入水底，其中的碳也可以借助于岩石的风化和溶解、火山爆发等返回大气圈。有的部分则转化为化石燃料，燃烧过程使大气中的 CO_2 含量增加，如图 2.7 所示。

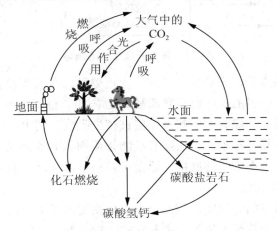

图 2.7　生态系统中的碳循环

近百年来，由于人类活动对碳循环的影响，一方面森林的大量砍伐，同时在工业发展中大量化石燃料的燃烧，使得大气中 CO_2 的含量呈上升趋势。由于 CO_2 对来自太阳的短波辐射有高度的透过性，而对地球反射出来的长波辐射有高度的吸收性，这就有可能导致大气层低处的对流层变暖，而高处的平流层变冷，这一现象称为"温室效应"。由温室效应而导致地球气温逐渐上升，引起未来的全球性气候改变，促使南北极冰雪融化，使海平面上升，将会淹没许多沿海城市和广大陆地，对地球上生物的影响同样不可忽视。

(3) 硫循环。

硫在有机体内含量较少，但十分重要。硫是蛋白质的基本成分，没有硫就不可能形成蛋白质。

硫循环既属沉积型，也属气体型。硫的主要储存库是岩石，以硫化亚铁(FeS_2)的形式存在。硫循环有一个长期沉积阶段和一个较短的气体阶段。在沉积阶段中硫被束缚在有机和无机的沉积物中，只有通过风化和分解作用才能被释放出来，并以盐溶液的形式被携带到陆地和水生生态系统。在气体阶段，可在全球范围内进行流动，如图 2.8 所示。

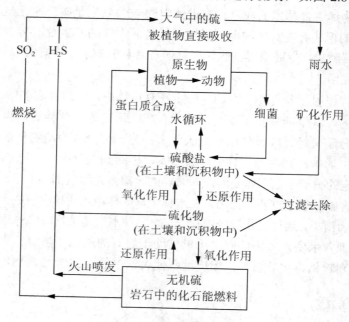

图 2.8 生态系统中硫的循环

硫进入大气有多条途径，燃烧矿石燃料、火山爆发、海面散发和在分解过程中释放气体。煤和石油中都含有较多的硫，燃烧时硫被氧化成 SO_2 进入大气。SO_2 可溶于水，随降水到达地面成为弱硫酸。硫成为溶解状态就能被植物吸收、利用，转化为氨基酸的成分。然后以有机形式通过食物链移动。最后随着动物排泄物和动植物残体的腐烂、分解，硫酸盐又被释放出来，回到土壤或水体底部，通常可被植物再利用，但也可能被厌氧水生细菌还原成 H_2S，把硫释放出来。

由于硫在大气中滞留的时间短，硫的全年大气收支可以认为是平衡的。也就是说，在任何一年间，进入大气的数量大致等于离开它的数量。然而，硫循环的非气体部分，在目前还处于不完全平衡的状态，因为，经有机沉积物的埋藏进入岩石圈的硫少于从岩石圈输出的硫。

人类对硫循环的干扰，主要是通过化石燃料的燃烧，向大气排放了大量的 SO_2。据统计，人类每年向大气输入的 SO_2 达 $1.47×10^8 t$，其中 70% 来源于煤的燃烧。硫进入大气，不仅对生物和人体健康带来直接危害，而且还会形成酸雨，使地表水和土壤酸化，对生物和人类的生存造成更大的威胁。

3) 信息传递

信息是指系统传输和处理的对象。在生态系统的各组成部分之间及各组成部分的内部，存在着各种形式的信息联系，以这些信息使生态系统联系成为一个有机的统一整体。生态系统中的信息形式主要有物理信息、化学信息、行为信息和营养信息。

(1) 物理信息。

如生态系统中的各种声音、颜色、光、电等都是物理信息。鸟鸣、兽吼可以传达惊慌、警告、嫌恶、有无食物和要求配偶等各种信息。昆虫可以根据花的颜色判断花蜜的有无。

以浮游藻类为食的鱼类，由于光线越强，食物越多，所以光可以传递有食物的信息。

(2) 化学信息。

化学信息就是指生态系统中各个层次生物代谢产生的化学物质参与传递信息、协调各种功能，这种能传递信息的化学物质统称为信息素。

如某些高等动物及群居性昆虫，在遇到危险时，能释放出一种或几种化合物作为信号，以警告种内其他个体有危险来临，这类化合物叫做报警信息素。还有许多动物能向体外分泌性信息素来吸引异性。

在植物群落中，一种植物通过某些化学物质的分泌和排泄而影响另一种植物的生长甚至生存的现象是很普遍的。人们早就注意到，有些植物分泌化学亲和物质，使其在一起相互促进，如作物中的洋葱与食用甜菜、马铃薯和菜豆、小麦和豌豆种在一起能相互促进。

(3) 行为信息。

行为信息指的是动植物的异常表现和异常行为所传递的某种信息。如动物求偶时，会通过一定的行为方式传达求偶的信息。

(4) 营养信息。

在生态系统中生物的食物链就是一个生物的营养信息系统，各种生物通过营养信息关系联系成一个相互依存和相互制约的整体。食物链中的各级生物要求一定的比例关系，即生态金字塔规律，养活一只食草动物需要几倍于它的植物，养活一只食肉动物需要几倍数量的食草动物。前一个营养级的生物数量反应出后一营养级的生物数量。如在草原牧区，草原的载畜量必须根据牧草的生长量而定，使牲畜数量与牧草产量相适应。如果不顾牧草提供的营养信息，超载过牧，就必定会因牧草饲料不足而使牲畜生长不良并引起草原退化。

2.3 生 态 平 衡

2.3.1 生态平衡的概念

所谓"生态平衡"，是指一个生态系统在特定时间内的状态，在这种状态下，其结构和功能相对稳定，物质与能量的输入/输出接近平衡，在外来干扰下，通过自我调控能恢复到最初的稳定状态。也就是说，生态平衡应包括 3 个方面，即结构上的平衡、功能上的平衡以及物质输入与输出数量上的平衡。

生态系统可以忍受一定程度的外界压力，并且通过自我调控机制而恢复其相对平衡，超出此限度，生态系统的自我调控机制就会降低或消失，这种相对平衡的状态就遭到破坏甚至崩溃，这个限度就称为"生态阈值"。生态阈值的大小决定于生态系统的成熟度，系统越成熟，阈值越高；反之，系统结构越简单，功能效率不高，对外界压力的反应越敏感，抵御剧烈生态变化的能力越脆弱，阈值就越低。

2.3.2 生态平衡的破坏

1. 生态平衡破坏的标志

生态平衡破坏的标志主要包括两个方面，即结构上的标志和功能上的标志。

生态平衡破坏首先表现在结构上，包括一级结构缺损和二级结构变化。一级结构指的是生态系统的各组成成分，即生产者、消费者、分解者和非生物成分组成的生态系统的结构。当组成一级结构的某一种成分或几种成分缺损时，即表明生态平衡失调。如一个森林生态系统由于毁林开荒，导致森林这一生产者的消失，造成各级消费者因栖息地被破坏，食物来源枯竭，必将被迫转移或者消失；分解者也会因生产者和消费者残体大量减少而减少，甚至会因水土流失加剧被冲出原有的生态系统，则该森林生态系统将随之崩溃。

生态系统的二级结构是指生产者、消费者、分解者和非生物成分各自所组成的结构。如各种植物种类组成生产者的结构，各种动物种类组成消费者的结构等。二级结构变化即指组成二级结构的各种成分发生变化，如一个草原生态系统经长期超载放牧，使得嗜口性的优质草类大大减少，有毒的、带刺的劣质草类增加，草原生态系统的生产者种类发生改变，并由此导致该草原生态系统载畜量下降，持续下去，该草原生态系统将会崩溃。

生态平衡破坏在功能上的标志，包括能量流动受阻和物质循环中断。能量流动受阻是指能量流动在某一营养级上受到阻碍。如森林被砍伐后，生产者对太阳能的利用会大大减少，即能量流动在第一个营养级受阻，森林生态系统会因此而失衡。物质循环中断是指物质循环在某一环节上中断。如草原生态系统，枯枝落叶和牲畜粪便被微生物分解后，把营养物质重新归还给土壤，供生产者利用，是维持草原生态系统物质循环的重要环节。但如果枯枝落叶和牲畜粪便被用作燃料烧掉，其营养物质不能归还土壤，造成物质循环中断，长期下去土壤肥力必然下降，草本植物的生产力也会随之降低，草原生态系统的平衡就会遭到破坏。

2. 破坏生态平衡的因素

生态平衡遭到破坏，主要有两个因素，即自然因素和人为因素。

自然因素如火山喷发、海陆变迁、雷击火灾、海啸地震、洪水和泥石流以致地壳变迁等，这些都是自然界发生的异常现象，它们对生态系统的破坏是严重的，甚至可使生态系统彻底毁灭，并具有突发性的特点。但这类因素通常是局部的，出现的频率并不高。

在人类改造自然界能力不断提高的当今时代，人为因素才是生态平衡遭到破坏的主要因素，主要体现在以下 3 点。

1) 环境污染和资源破坏

人类的生产和生活活动一方面是向环境中输入了大量的污染物质，使环境质量恶化，生态系统结构和功能遭到破坏，从而使生态平衡失调。另一方面是对自然和自然资源的不合理利用，如过度砍伐森林、过度放牧和围湖造田等，都会使生态系统失衡。

2) 生物种类发生改变

在一个生态系统中增加一个物种，有可能使生态平衡遭受破坏。如美国在 1929 年开凿的韦兰运河，把内陆水系和海洋水系沟通，海洋水系的八目鳗进入了内陆水系，使内陆水系鳟鱼年产量由 0.2 亿 kg 减少到 5000 kg，严重地破坏了内陆水系的水产资源。这是由于增加一个物种所造成的生态失衡。在一个生态系统中减少一个物种，也可能使生态平衡遭受破坏。如我国 20 世纪 50 年代曾大量捕杀过麻雀，致使有些地区出现了严重的虫害，这就是由于害虫的天敌——麻雀被捕杀所带来的直接后果。

3) 信息系统的破坏

各种生物种群依靠彼此的信息联系，才能保持集群性，才能正常地繁殖。如果人为向环境中施放某种物质，破坏了某种信息，生物之间的联系将被切断，就有可能使生态平衡遭受破坏。如有些雌性动物在繁殖时将一种体外激素——性激素，排放于大气中，有引诱雄性动物的作用。如果人们向大气中排放的污染物与这种性激素发生化学反应，性激素将失去引诱雄性动物的作用，动物的繁殖就会受到影响，种群数量就会下降，甚至消失，从而导致生态失衡。

2.3.3 生态平衡的再建

由于人类对物质生活和精神生活水准的要求是无止境的,这就必然要不断地向自然界索取，对自然界进行干预。随着科学技术的发展，利用自然与自然资源的能力会不断提高，对自然与自然资源的干预程度也会越来越大，要使生态系统永远保持现在的平衡状态是不可能的，也是不现实的。人们的任务应该是运用经济学和生态学的观点，在现有生态平衡的基础上，使生态系统向有利于人类的方向发展，或者有计划、有目的去建立新的生态系统或新的生态平衡。对已被破坏的生态平衡，必须设法使其恢复或再建，但要恢复到原来的状态往往是困难的。所以，应该把恢复和再建统一起来。而再建，就应该再建成一个更有利于人类的生态系统。

多级氧化塘、土地处理系统、矿山复垦系统等生态工程以及生态农场、生态村的建立等，为生态平衡的恢复与再建，展现了广阔的前景。

2.4 生态学在环境保护中的应用

生态学是环境科学重要的理论基础之一。环境科学在研究人类生产、生活与环境的相互关系时，就常用生态学的基础理论和基本规律。以生态学基本理论为指导建立的生物监测、生物评价是环境监测与环境评价的重要组成部分；以生态学基础理论为指导建立的生物工程净化措施，也是环境治理的重要手段。城市与农村生态规划的制定和建设，也必须以生态学的基础理论为指导。

2.4.1 对环境质量的生物监测与生物评价

生物监测是利用生物个体、种群或群落对环境污染状况进行监测，生物在环境中所承受的是各种污染因子的综合作用，它能更真实、更直接地反映环境污染的客观状况。

凡是对污染物敏感的生物种类都可作为监测生物。例如，地衣、苔藓和一些敏感的种子植物可监测大气污染；一些藻类、浮游动物、大型底栖无脊椎动物和一些鱼类可监测水体污染；土壤节肢动物和螨类可监测土壤污染。生物所发出的各种信息，即生物对各种污染物的反应，包括受害症状、生长发育受阻、生理功能改变、形态解剖变化以及种群结构和数量变化等，通过这些反应的具体体现，可以判断污染物的种类，通过反应的受害程度确定污染等级。

生物评价是指用生物学的方法按一定标准对一定范围内的环境质量进行评定和预测。通常采用的方法有指示生物法、生物指数法和种类多样指数法等。利用细胞学、生物化学、生理学和毒理学等手段进行评价的方法，也在逐渐推广和完善。生物评价的范围可以是一个厂区，一座城市，一条河流，或一个更大的区域。

生物监测和生物评价具有的优点是：①综合性和真实性；②长期性；③灵敏性；④简单易行。

2.4.2 对污染环境的生物净化

生物与污染环境之间也存在着相互影响和相互作用的关系。在污染环境作用于生物的同时，生物也同样作用于环境，使污染环境得到一定程度的净化，提高环境对污染物的承载负荷，增加环境容量。人们正是利用这种生物与环境之间的相互关系，来充分发挥生物的净化能力的。

1. 大气污染物的生物净化

大气污染物的生物净化是利用生态学原理，协调生物与污染大气环境之间的关系，通过大量栽植具有净化能力的乔木、灌木和草坪，建立完善的城市防污绿化体系，包括街道、工厂和庭院的防污绿化，以达到净化大气污染的目的。大气污染的生物净化包括利用植物吸收大气中的污染物、滞尘、消减噪声和杀菌等几个方面。

1) 植物对大气中化学污染物的净化作用

大气中的化学污染物包括二氧化硫、二氧化氮、氟化氢、氯气、乙烯、苯、光化学烟雾等无机和有机气体，以及汞、铅等重金属蒸汽等。

据报道，每公顷臭椿和白毛杨每年可分别吸收 $SO_2$13.02 kg 与 14.07 kg，1 kg 柳杉树叶在生长季节中每日可吸收 3 g SO_2，女贞叶中含硫量可占叶片干物质的 2%。每公顷兰桉阔叶林叶片干重 2.5 t，在距离污染源 400~500 m 处，每年可吸收氯气几十公斤。植物对氟化物也具有极高的吸收能力，桑树树叶片中含氟量可达对照区的 512 倍。

每公顷臭椿每年可吸收 46 g 与 0.105 g 的 Pb 与 Hg，桧柏则分别为 3 g 与 0.021 g。

2) 植物对大气物理性污染的净化作用

大气污染物除有毒气体外，也包括大量粉尘，据估计，地球上每年由于人为活动排放的降尘为 $3.7×10^5$ t。利用植物吸尘、减尘通常具有满意效果。

(1) 植物对大气飘尘的去除效果。植物除尘的效果与植物的种类、种植面积、密度、生长季节等因素有关。一般情况下，高大、树叶茂密的树木较矮小、树叶稀少的树木吸尘效果好，植物的叶型、着生角度、叶面粗糙度等也对除尘效果有明显的影响。山毛榉林吸附灰尘量为同面积云杉的两倍，而杨树的吸尘量仅为同面积榆树的1/7，后者的滞尘量可达 12.27 g/m^3。据测定，绿化较好的城市的平均降尘只相当于未绿化好的城市的1/9~1/8。

(2) 植物对噪声的防治效果。由于植物叶片、树枝具有吸收声能与降低声音振动的特点，成片的林带可在很大程度上减少噪声量。经测试，由绿化较好的绿篱、乔灌林及草皮组成的结构，每 10 m 可减少 3.5%~4.6% dB，有人试验用 3 kg 硝基甲苯炸药，在林区只能传播 400 m，而在空旷地带则可传播 4 km。

3) 植物对大气生物污染的净化效果

空气中的细菌借助空气中的灰尘等漂浮传播，由于植物有阻尘、吸尘作用，因而也减少了空气病原菌的含量和传播。同时，许多植物分泌的气体或液体也具有抑菌或杀菌作用。研究表明，茉莉、黑胡桃、柏树、柳树、松柏等均能分泌挥发性杀菌或抑菌物质，绿化较差的街道较之绿化较好的街道空气中的细菌含量高出 1~2 倍。

2. 水体污染的生物净化

水体污染的生物净化是利用生态学原理，协调水生生物与污染水体环境之间的关系，充分利用水生生物的净化作用，使污染水体得到净化。

如利用藻菌共生系统建立的氧化塘，可以有效地去除以需氧有机物(BOD_5)为主的生活污水和工业废水，达到净化水质的目的。在耗氧塘中，耗氧微生物可以把污水中的有机物分解成 CO_2、H_2O、NH_4^+、和 PO_4^{3-} 等无机营养元素，供藻类生长繁殖利用，藻类光合作用释放出的氧气提供了耗氧微生物生存的必要条件，而其残体又被耗氧微生物分解利用。

2.4.3 制定区域生态规划

按照复合生态系统理论，区域是一个由社会、经济、自然 3 个亚系统构成的复合生态系统，通过人的生产与生活活动，将区域中的资源、环境与自然生态系统联系起来，形成人与自然、生产与资源环境的相互作用关系与矛盾。这些相互作用及矛盾决定了区域发展的特点。

可以认为区域一切环境问题的产生都是这一复合生态系统失调的表现，所以，对区域环境问题的防治，必须从合理规划这一复合生态系统着手。

区域生态规划是按生态学原理，对某一地区的社会、经济、技术和环境所制定的综合规划，其目的就是运用生态学及生态经济学原理，调控区域社会、经济与自然亚系统及其各组分之间的生态关系，使之实现资源合理利用，环境保护与经济增长良性循环，区域社会经济可持续发展。

城市是一个典型的区域人工复合生态系统，城市生态规划可以指导生态型城市的建立。

生态型城市的内涵主要包括技术与自然的融合，人类创造力、生产力的最大发挥，环境清洁、优美、舒适，经济发展、社会进步和环境保护三者高度和谐，综合效益最高，城市复合生态系统稳定、协调和可持续发展。

2.4.4 发展生态农业

生态农业是根据生态学、生态经济学的原理，在中国传统农业精耕细作的基础上，依据生态系统内物质循环和能量转化的基本规律，应用现代科学技术建立和发展起来的一种多层次、多结构、多功能的集约经营管理的综合农业生产体系。

生态农业的生产结构能使初级生产者的产物沿着食物链的各个营养级进行多层次循环利用和转化，没有废弃物的排放；生态农业强调施用有机肥和豆科植物轮作，化肥只作为辅助肥料；强调利用生物控制技术和综合控制技术防治农作物病虫害，尽量减少化学农药的使用。所以生态农业既具有经济效益又具有环境效益，它实现了农业经济发展和环境保护的双赢。下面介绍中国生态农业的两种典型模式。

1. 江南低湿地区的"桑基鱼塘体系"模式

桑基鱼塘是我国珠江三角洲和太湖流域地区生态农业模式的典范，其将农、林、牧、渔有机结合起来，互惠互利，构成一种水陆结合、动植物共存的人工复合生态系统。该系统对提高农业资源转化利用效率和系统生产力的效果十分显著，实现了生态效益和经济效益的统一。

桑基鱼塘的基本作法是：在低湿地上开挖鱼塘，把挖出的泥土垫高，塘边形成基，在基上可种植桑树，在塘中积水养鱼并种植一些浮游植物等，同时，可在塘边上建造猪舍、沼气池等。

2. 北方农区的"庭院生态系统"模式

在庭院内将种植业、养殖业及沼气能源结合起来，获得较佳的生态效益及经济效益，是北方地区庭院生态模式的典型，有相当的普遍性，最基本的模式"种菜—养猪—沼气池"，即利用猪粪及其他有机废物进行沼气发酵，沼气作为能源，沼液、沼渣作为有机废料供给蔬菜种植及农田施用。

这种庭院生态系统模式以太阳能为动力，以沼气池为纽带，以日光温室立体种养为手段，通过种、养能源的有机结合，形成生态良性循环，并在推广实践中取得了显著的经济效益，如图 2.9 所示。

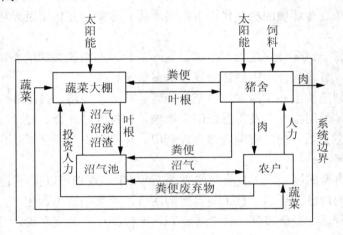

图 2.9　庭院生态系统结构示意图

实践表明：生态农业是一种适合中国国情的可持续农业生产形式，当前中国已有 2000 多个示范地区。

复习和思考

1. 什么是生态系统？它的基本组成是什么？
2. 简述生态系统的三大功能。
3. 什么是生态平衡？简述生态平衡破坏的两个主要标志。
4. 复合生态系统的理论是如何指导区域生态规划和生态型城市建设的？
5. 生态农业是如何体现生态学原理的？

第3章　自然资源的利用与保护

3.1　概　　论

3.1.1　自然资源的定义

自然资源也称为资源。根据联合国环境规划署的定义，自然资源是指在一定时间条件下，能够产生经济价值以提高人类当前和未来福利的自然环境因素的总和(1972年)。如土地、水、森林、草原、矿物、海洋、野生动植物、阳光、空气等。

自然资源的概念和范畴不是一成不变的，随着社会生产的发展和科学技术水平的提高，过去被视为不能利用的自然环境要素，将来可能变为有一定经济利用价值的自然资源。

3.1.2　自然资源的分类

按照不同的目的和要求，可将自然资源分为不同的种类。但目前大多按照自然资源的有限性，将自然资源分为有限自然资源和无限自然资源，如图3.1所示。

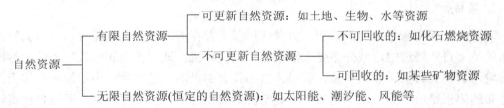

图3.1　自然资源分类

1. 有限自然资源

有限自然资源又称为耗竭性资源。这类资源是在地球演化过程中的特定阶段形成的，质与量有限定，空间分布不均匀。有限资源按其能否更新又可分为可更新资源和不可更新资源两大类。

(1) 可更新资源又称为可再生资源。这类资源主要是指那些被人类开发利用后，能够依靠生态系统自身的运行力量得到恢复或再生的资源，如生物资源、土地资源、水资源等。只要其消耗速度不大于它们的恢复速度，借助自然循环或生物的生长、繁殖，这些资源从理论上讲是可以被人类持续利用的。但各种可更新资源的恢复速度不尽相同，例如，岩石自然风化形成1 cm厚的土壤层大约需要300～600年，森林的恢复一般需要数十年至百余年。因此不合理的开发利用，会使这些可更新的资源变成不可更新资源，甚至耗竭。

(2) 不可更新资源又称为不可再生资源。这类资源是在漫长的地球演化过程中形成的，它们的储量是固定的。被人类开发利用后，会逐渐减少以致枯竭，一旦被用尽，就无法再补充，如各种金属矿物、非金属矿物、化石燃料等。这些矿物都是由古代生物或非生物经过漫长的地质年代形成的，因而它们的储量是固定的，在开发利用中，只能不断地减少，无法持续利用。

2. 无限自然资源

无限自然资源又称为恒定的自然资源或非耗竭性资源。这类资源随着地球的形成及其运动而存在，基本上是持续稳定产生的，几乎不受人类活动的影响，也不会因人类利用而枯竭，如太阳能、风能、潮汐能等。

3.1.3 自然资源的属性

1. 有限性

有限性是自然资源最本质的特征。大多数资源在数量上都是有限的。资源的有限性在矿产资源中尤其明显，任何一种矿物的形成不仅需要有特定的地质条件，还必须经过千百万年甚至上亿年漫长的物理、化学、生物的作用过程，因此，相对于人类而言是不可再生的，消耗一点就少一点。其他的可再生资源如动物、植物，由于受自身遗传因素的制约，其再生能力也是有限的，过度利用将会使其稳定的结构破坏而丧失再生能力，成为非再生资源。

资源的有限性要求人类在开发利用自然资源时必须从长计议，珍惜一切自然资源，注意合理开发利用与保护，决不能只顾眼前利益，掠夺式开发资源，甚至肆意破坏资源。

2. 区域性

区域性是指资源分布的不平衡，数量或质量上存在着显著的地域差异，并有其特殊的分布规律。自然资源的地域分布受太阳辐射、大气环流、地质构造和地表形态结构等因素的影响，其种类特性、数量多寡、质量优劣都具有明显的区域差异。由于影响自然资源地域分布的因素是恒定的，在一定条件下必定会形成相应的自然资源区域，所以自然资源的区域分布也有一定的规律性。例如，我国的天然气、煤和石油等资源主要分布在北方，而南方则蕴藏丰富的水资源。

自然资源的区域性对区域经济的发展起着很大的作用，因此在开发自然资源方面应因地制宜，充分考虑区域、自然资源和社会经济的特点，这样才能使自然资源的开发利用和保护兼有经济效益、环境效益和社会效益，为人类造福。

3. 整体性

整体性是指每个地区的自然资源要素存在着生态上的联系，形成一个整体，触动其中一个要素，就可能引起一连串的连锁反应，从而影响整个自然资源系统的变化。这种整体性在可再生资源中表现得尤其突出。例如，森林资源除经济效益外，还具有涵养水分、保持水土等生态效益，如果森林资源遭到破坏，不仅会导致河流含沙量的增加，引起洪水泛滥，而且会使土壤肥力下降。土壤肥力的下降，又进一步促使植被退化，甚至沙漠化，从而又使动物和微生物大量减少。相反，如果在沙漠地区通过种草种树慢慢恢复茂密的植被，水土将得到保持，动物和微生物将集结繁衍，土壤肥力将会逐步提高，从而促进植被进一步优化及各种生物进入良性循环。

自然资源的整体性要求必须对自然资源进行合理规划及综合研究和综合开发。

4. 多用性

多用性是指任何一种自然资源都有多种用途，例如，土地资源既可用于农业，也可用于工业、交通、旅游以及改善居民生活环境等。自然资源的多用性只是为人类利用资源提供了不同用途的可能性，采取何种方式则是由社会、经济、科学技术以及环境保护等诸多因素决定的。

资源的多用性要求在对资源开发利用时，必须根据其可供利用的广度和深度，实行综合开发和综合利用，以做到物尽其用，取得最佳效益。

3.2 水资源的利用与保护

水资源是指在目前的经济和技术条件下，比较容易被人类利用的那部分淡水，主要包括河川、湖泊、地下水和大气水等。

直到 20 世纪 20 年代，人类才认识到水资源并非是用之不竭、取之不尽的。随着人口增长和经济的发展，水资源的需求与日俱增，人类社会正面临水资源短缺的严重挑战。据联合国统计，全世界有 100 多个国家缺水，严重缺水的国家已达 40 多个。水资源不足已成为许多国家制约其经济增长和社会进步的障碍。

3.2.1 我国水资源的特点

(1) 水资源总量较丰富，人均和地均拥有量少。

我国多年平均水资源总量为 28124 亿 m^3，其中河川径流约占 94%，低于巴西、苏联、加拿大、美国和印度尼西亚，约占全球径流总量的 5.8%，居世界第六位。可见，我国水资源总量还是比较丰富的。然而，由于我国人口众多，平均每人每年占有的河川径流量的 2260 m^3，不足世界平均值的 1/4，列世界第 88 位。从这一角度来看，我国属于贫水国家。我国地域辽阔，平均每公顷耕地的河川径流占有量约为 28320 m^3，为世界平均值的 80%。所以我国水资源量与需求不适应的矛盾十分突出，以占世界 7%的耕地和 6%的淡水资源养活着世界上 22%的人口。

(2) 地区分配不均，水土资源不平衡。

我国陆地水资源的地区分布与人口、耕地的分布不相适应。长江以南的珠江、浙闽台和西南诸河等地区，国土面积占全国的 36.5%，耕地面积占全国的 36%，人口占全国的 54.4%，但水资源却占全国的 81%，人均占有量为 4100 m^3，约为全国人均占有量的 1.6 倍。辽河、海滦河、黄河、淮河沿岸等北方地区，国土面积占全国的 18.7%，耕地面积占全国的 45.2%，人口占全国的 38.4%，但水资源仅占全国的 10%左右。地下水也是南方多，北方少。占全国国土面积 50%的北方，地下水只占全国的 31%，因此，我国形成了南方地表水多、北方地表水少、地下水也少，由东南向西北逐渐递减的局面。

(3) 年内季节分配不均、年际变化很大。

我国的降水受季风影响，降水量和径流量在一年内分配不均。长江以南地区，3～6 月(4～7 月)的降水量约占全年降水量的 60%；而长江以北地区，6～9 月的降水量，常常占全年降水量的 80%。由于降水过分集中，造成雨期大量弃水，非雨期水量缺乏，总水量不能充分利用的局面。由于降水年内分配不均，年际变化很大，我国的主要江河都出现过连续枯水年和连续丰水年。在雨季和丰水年，大量的水资源不仅不能充分利用，白白地注入海洋，而且造成许多洪涝灾害。在旱季或少雨年，缺水问题又十分突出，水资源不仅不能满足农业灌溉和工业生产的需要，甚至某些地方人畜用水也发生困难。

(4) 水能资源丰富。

我国的山地面积广大，地势梯级明显，尤其在西南地区，大多数河流落差较大，水量丰富，所以我国是一个水能资源蕴藏量特别丰富的国家。我国水能资源理论蕴藏量约为 6.8 亿 kWh(千瓦·时，1kWh=1 度=3.6×10^{6}J)，占世界水能资源理论蕴藏量的 13.4%，占亚洲的 75%，居世界首位。已探明可开发的水能资源约为 3.8 亿 kWh，为理论蕴藏量的 60%。我国能够开发的、装机容量在 1 万 kWh 以上的水能发电站共有 1900 余座，装机容量可达 3.57 亿 kWh，年发电量为 1.82 万亿 kWh，可替代年燃煤 10 多亿吨的火力发电站。

3.2.2 水资源开发利用中存在的主要问题

(1) 水资源供需矛盾突出。

我国属于贫水国，水资源相当紧缺。20 世纪末，在全国 660 个建制市中，有 300 多个城市缺水，其中严重缺水的城市有 110 座，日缺水量达 1600 万吨。全国农村有 5000 万人、3000 万头牲畜饮水困难；有 5533×10^{8}m^2 的耕地是没有灌溉设施的干旱地，9333×10^{8}m^2 的草场缺水；2000×10^{8}m^2 耕地受旱灾威胁，其中成灾耕地面积约为 667×10^{8}m^2。全国各地几乎都有可能发生旱灾，其中黄淮海地区最为严重，受灾面积占全国受灾面积的一半以上。

(2) 用水浪费严重加剧水资源短缺。

我国工农业生产中水资源浪费严重。在我国，农业灌溉工程不配套，大部分灌溉区渠道没有防渗措施，渠道漏失率为 30%～50%，有的甚至更高；部分农田采用漫灌方法，因渠道跑水和田地渗漏，实际灌溉有效率为 20%～40%，南方地区更低。而国外农田灌溉的水分利用率多在 70%～80%。

在工业生产中用水浪费也十分惊人，由于技术设备和生产工艺落后，我国工业万元产值耗水比发达国家多数倍。工业耗水过多，不仅浪费水资源，同时增大了污水排放量和水体污染负荷。在城市用水中，由于卫生设备和输水管道的跑、冒、滴、漏等现象严重，也浪费了大量的水资源。

(3) 水污染减少了淡水资源。

由于工农业生产的发展和人口的增加，每年污水的排放量不断增加，使许多江、河、湖泊及地下水受到污染。根据中国环保状况公报，我国江、河、湖、水库等水域普遍受到不同程度的污染，全国监测的 1200 条河中有 850 条被污染。鱼虾绝迹的河段长约 2400 km，七大水系污染呈加重趋势，大的淡水湖泊与城市湖泊均为中度污染，部分湖泊发生富营养化，巢湖(西半湖)、滇池和太湖的污染仍然严重。工业发达城镇附近的水域污染尤为突出，90%以上的城市水域污染严重，近 50%的重点城镇水源不符合饮用水水质标准。水污染使水体丧失或降低了其使用功能，造成了水质性缺水，更加剧了水资源的不足。

(4) 盲目开采地下水造成地面下沉。

目前，由于地下水的开发利用缺乏规范管理，所以开采严重超量，出现水位持续下降、漏斗面积不断扩大和城市地下水普遍污染等问题。据统计，一些地区由于超量开采，形成大面积水位下降，地下水中心水位累计下降 $10\sim30$ m，最大的达 70 m。由于地下水位下降，十几个城市发生地面下沉，京、津、唐地区沉降面积达 8347 km^2，在华北地区形成了全世界最大的漏斗区，总面积达到 5 万 km^2，且沉降范围仍在不断扩大。沿海地区由于过量开采地下水，破坏了淡水与咸水的平衡，引起海水入侵地下淡水层，加速了地下水的污染，尤其城区、污灌区的地下水污染日益明显。

(5) 河湖容量减少，环境功能下降。

我国是一个多湖的国家，长期以来，由于片面强调增加粮食产量，在许多地区过分围垦湖泽，排水造田，结果使许多天然小型湖泊从地面消失。号称"千湖之省"的湖北省，1949 年有大小湖泊 1066 个，现在只剩下 326 个。据不完全统计，近 40 年来，由于围湖造田，我国的湖面减少了 133.3×10^8m^2，损失淡水资源 350 亿 m^3。许多历史上著名的大湖也出现了湖面萎缩、湖容减少的情况。中外闻名的"八百里洞庭"在 30 年内被围垦掉 3/5 的水面，湖容减少 115 亿 m^3。鄱阳湖在 20 年内被垦掉一半水面，湖容减少 67 亿 m^3。围湖造田不仅损失了淡水资源，减弱了湖泊蓄水防洪的能力，也降低了湖泊的自净能力，破坏了湖泊的生态功能，从而造成湖区气候恶化、水产资源和生态平衡遭到破坏，进而影响到湖区多种经营的发展。

此外，严重的水土流失，以致大量泥沙沉积，从而使水库淤积、河床抬高，甚至某些河段已发展成为地上河，严重影响了河湖蓄水、防洪、纳污的能力以及航运、养殖和旅游等功能的开发利用。

3.2.3　水资源的合理利用与保护

(1) 认真开展宣传教育工作，树立全民保护水资源和节约用水的意识。

水资源属于可更新资源，可以循环利用，但是在一定的时间和空间内都有数量上的限制。据有关资料研究，在现有工业发展速度下，如果不提高水资源的管理水平，到 2010 年，所有河水都将耗尽或因污染而不能使用。在我国人口众多的情况下，提高全社会保护水资源、节约用水的意识和守法的自觉性，是实现水资源可持续开发利用的关键所在。

(2) 加强水资源综合管理，提高管理手段及能力。

要尽快改革传统的水资源管理体制，国家要加强或扩大水资源综合管理的能力，在流域级应完善现行的水资源管理体制，尤其是建立和完善以河流流域为单元的水资源统一管理体制。切实提高水资源的管理手段和能力，改革水资源开发和保护的投资机制，采用经济手段和价格机制，进行需求管理和供给管理，鼓励专家和社会公众参与水资源的管理和保护。

(3) 保护水源，防治污染与节约用水并重。

要加强水生态环境的保护，在江河上游建设水源涵养林和水土保持林，中下游禁止盲目围垦，防止水质恶化；划定水环境功能区，实行目标管理；治理流域污染企业，严格实行达标排放；大力提倡施用有机肥，积极开展生态农业和有机农业，严格控制农药和化肥的施用量，减少农药径流造成的水体污染等。

(4) 开展全面节水运动。

通过改进生产工艺、调整产品结构、推行清洁生产来降低水耗，提高循环用水率；适当提高水价，以经济手段限制耗水大的行业和项目发展；强制推行节水卫生器具，控制城市生活用水的浪费；农业灌溉是我国最大的用水途径，要改进地面灌溉系统，采取渠道防渗或管道输送(可减少 50%～70%水的损失)；制定节水灌溉制度，实行定额、定户管理，以提高灌溉效率；推广先进农灌技术，在缺水地区推广滴灌、雾灌和喷灌等节水技术。

(5) 有计划地进行跨流域调水，改善水资源区域分布的不均衡性。

跨流域调水是通过人工措施来改变水资源的数量和质量在时间和空间上的不均匀分布现象，以满足水资源不足地区的供水需要。我国实施的具有全局意义的"南水北调"工程，是把长江流域的一部分水由东、中、西 3 条线路，从南向北调入淮河、黄河、海河，把长江、淮、黄、海河流域连成一个统一的水利系统，以解决西北、华北地区的缺水问题。

(6) 加强水面保护与开发，促进水资源的综合利用。

开发利用水资源必须综合考虑，除害兴利，在满足工农业生产用水和生活用水外，还应充分认识到水资源在水产养殖、旅游、航运等方面的巨大使用价值以及在改善生态环境中的重要意义，使水利建设与各方面的建设密切结合，与社会经济环境协调发展，尽可能做到一水多用，以最少的投资取得最大的效益。

水面资源(特别是湖泊)是旅游资源的重要组成部分。在我国已公布的国家级风景名胜区中，有很多都属于湖泊类风景名胜区。搞好湖泊旅游资源开发，不仅能提高经济效益，还能带动其他相关产业的发展。

水面(特别是较大水面)的存在，对改善小气候、涵养水分、增加空气湿度、减少扬尘、维持水生生态环境等，都具有重要的意义，加强水面保护是改善环境质量的重要措施之一。

3.3 土地资源的利用与保护

土地资源是指在一定技术条件和一定时间内可以被人类利用并产生经济价值的土地。目前世界上土地资源的破坏和丧失是很严重的，其中与人类关系最大的是可耕土地。耕地是土地的精华，是生产粮食、棉花、油料、蔬菜等农副产品的生产基地。全世界适于农业生产的耕地约占全球陆地面积的 1/10，但各国、各地区相差很大。例如，丹麦的耕地面积占全国陆地面积的 65%，英国占 30%，美国占 20%，中国只占 10.4%。耕地数量的多少、质量的肥脊，直接影响着国民经济的发展。

3.3.1 我国土地资源的特点

我国地域辽阔，总面积达 960 万 km^2，占世界陆地面积的 6.4%，仅次于俄罗斯和加拿大居世界第三位。概括起来我国土地资源有以下几个特点。

(1) 土地资源绝对量多，人均占有量少。

我国土地总面积居世界第三位，但由于我国人口众多，按人口平均占有量来说，约为全世界人均占有量的 1/3，不足 $1×10^4$ m^2。

(2) 土地资源类型多样，山地面积大。

在我国，由于地带性和非地带性以及不同气候带的水、热条件及复杂的地形和地质条件，形成了多种多样的土地类型。从寒温带到热带，南北长 5500 km，中温带为 29.4%、暖温带为 16.9%、亚热带为 24.8%、热带为 0.8%、寒温带为 1.5%、高原气候带为 26.6%。我国属于多山国家，山地面积(包括丘陵、高原)占土地总面积的 69.23%，平原盆地约占土地总面积的 30.73%。山地坡度大，土层薄，如果利用不当，则自然资源和生态环境将很容易遭到破坏。

(3) 农用土地资源比重小，后备耕地资源不足。

我国现有耕地面积占全国土地总面积的 10.4%，人均占有耕地面积只有世界人均耕地面积的 1/4。在未利用的土地中，难利用的占 87%，主要是戈壁、沙漠和裸露石砾地，仅有 0.33×10^{12} m^2 宜农荒地，能作为农田的不足 0.2×10^{12} m^2，按 60% 的垦殖率计算，可净增耕地 $0.12 \times 10^{12} \sim 0.14 \times 10^{12}$ m^2。所以，我国土地后备资源很少。

(4) 人口与耕地的矛盾十分突出。

我国现有耕地面积约为 1×10^{12} m^2，占世界总耕地面积的 7%，为世界人均耕地面积的 1/4。我国用占世界 7% 的耕地养着占世界 22% 的人口，人口与耕地的矛盾相当突出。随着我国人口的增长，人口与耕地的矛盾将更加尖锐。据估计，到 21 世纪中叶，我国人均耕地将减少到国际公认的警戒线——0.05×10^4 m^2。

3.3.2 土地资源开发利用中存在的主要问题

1. 盲目扩大耕地面积促使土地资源退化

(1) 刨垦山坡使大面积的森林、草地被毁，造成水土流失。有关资料表明，我国现有水土流失面积为 183 万 km^2，约占全国土地面积的 1/5；我国每年因水土流失侵蚀掉的土壤总量达 50 亿吨，大约占全世界土壤流失量的 1/5 左右。相当于全国耕地削去了 1cm 厚的肥土层，损失的氮、磷、钾养分相当于 4000 万吨化肥的养分含量。我国是世界上水土流失最严重的国家之一。黄河、长江年输沙量在 20 亿吨以上，列世界九大河流的第一和第四位。

(2) 围湖造田。盲目地围湖造田，使湖区蓄水防洪的能力下降，原有的湖泊生态系统遭到严重破坏，致使水旱灾害频繁。

(3) 盲目开发草原，使草场退化。由于多年的滥垦过牧，我国近 1/4 的草场退化，产草量平均由 $0.3000 \sim 0.3750$ kg/m^2 降至 $0.1500 \sim 0.2250$ kg/m^2，每年沙化面积达 133×10^8 m^2。

2. 非农业用地迅速扩大

城镇建设、住房建设及交通建设等都要占用大量的土地资源。我国城市建设在 1978—1998 年间由原来不足 200 个增加到 600 多个，增加了 475 个。上海郊区被占耕地达 7.33×10^8 m^2，相当于上海、宝山、川沙 3 个市(县)耕地面积的总和。据初步预测，到 2050 年，我国非农业建设用地将比现在增加 0.23×10^{12} m^2，其中需要占用耕地约 0.13×10^{12} m^2。另外，煤炭开采每年破坏土地 $1.2 \times 10^8 \sim 2 \times 10^8$ m^2，砖瓦生产每年破坏耕地近 1×10^8 m^2。

3. 土地污染在加剧

随着工业化和城市化的进展，特别是乡镇工业的发展，大量的"三废"物质通过大气、水和固体废物的形式进入土壤。同时农业生产技术的发展、人为地使用化肥和农药以及污水灌溉等，使土壤污染日益加重。我国遭受工业"三废"污染的农田已有 $1000 \times 10^8 \, m^2$ 之多，因此而引起的粮食减产每年达 $100 \times 10^8 \, kg$ 以上。因为使用污水灌溉，被重金属镉(Cd)污染的耕地约有 $1.3 \times 10^8 \, m^2$ 之多，涉及 11 个省 25 个地区。被汞污染的耕地约有 $3.2 \times 10^8 \, m^2$ 之多，涉及 15 个省 21 个地区。

3.3.3　土地资源的合理利用与保护

1. 加强法制，强化土地管理

我国政府从我国土地国情和保证经济、社会可持续发展的要求出发，于 1998 年 8 月 29 日公布了《中华人民共和国土地管理法》，采取了世界上最严格的土地管理、保护耕地资源的措施和管理办法，明确规定了国家实行土地用途管理制度、占用耕地补偿制度和基本农田保护制度。因此，要按照《中华人民共和国土地管理法》的要求，切实加强土地管理，使土地管理纳入法制的轨道。

2. 加强生态建设

"九五"期间已列入《中国 21 世纪议程》和《国家环境保护规划》的防护林工程和水土流失工程有："三北"防护林工程，黄河、长江、松辽流域、淮河太湖流域、珠江流域等工程，这些工程的建设对防治荒漠化及控制水土流失起到了很大的作用。1999 年国务院公布的《全国生态建设规划》提出，到 2010 年，坚决控制住人为因素产生的新的水土流失，努力遏制荒漠化的发展。

因此要继续大力推进和加强防护林工程和水土流失工程的建设，尤其要重视生态系统中自然绿地的建设(森林、草地的保护和建设)，在北方荒漠化地区要继续种草改良草场。

3. 综合防治土壤污染

实行污染物总量控制，控制和消除土壤污染源；控制化肥和农药的使用，对残留多、毒性大的农药，应控制使用范围、使用量和使用次数；合理施肥，防止因过量施用化肥而造成土壤结构的破坏和土壤生态系统的损害。对已受污染的土壤采取措施如生物修复技术等消除土壤中的污染物，或控制土壤中污染物的迁移、转化，使其不进入食物链，防止危害人体健康。

3.4　矿产资源的利用与保护

矿产资源主要指埋藏于地下或分布于地表的、由地质作用所形成的有用矿物或元素，其含量达到具有工业利用价值的矿产。矿产资源可分为金属和非金属两大类。金属按其特性和用途又可分为铁、锰、铬、钨等黑色金属，铜、铅、锌等有色金属，铝、镁等轻金属，金、银、铂等贵金属，铀、镭等放射性元素和锂、铍、铌、钽等稀有、稀土金属；非金属主要是煤、石油、天然气等燃料原料(矿物能源)，磷、硫、盐、碱等化工原料，金刚石、石棉、云母等工业矿物和花岗岩、大理石、石灰石等建筑材料。

3.4.1 我国矿产资源的特点

截至 1998 年年底,中国已发现 171 种矿产,其中已探明储量的有 153 种。其主要特点表现在以下几个方面。

(1) 矿产资源总量丰富,但人均占有量少。

我国矿产资源总量居世界第 2 位,而人均占有量只有世界平均水平的 58%,居世界第 53 位,个别矿种甚至居世界百位之后。

(2)矿种比较齐全,产地相对集中,配套程度较高。

世界上已经发现的矿种在我国均有发现,并有世界级超大型矿床。如内蒙白云鄂博铁—稀土矿床,其铈族稀土储量占我国的 96.4%。不少地区矿种配套较好,有利于建设工业基地。

如鞍山—本溪地区和攀西—六盘水地区除了拥有丰富的铁矿外,煤、锰、石灰岩、白云岩、菱镁矿、耐火黏土等辅助原料都很丰富,因此已建成钢铁工业基地。

(3) 贫矿多,富矿少,可露天开采的矿山少。

我国有相当一部分矿产,贫矿多,如铁矿石,储量有近 500 亿吨,但含铁大于 55% 的富铁矿仅有 10 亿吨,占 2%;铜矿储量中含铜量大于 1% 的仅占 1/3;磷矿中 $P_2O_5 > 30\%$ 的富矿仅占 7%,硫铁矿中含 $S > 35\%$ 的富矿仅占 9%;铝土矿储量中的铝硅比大于 7 的仅占 17%。

此外适于大规模露天开采的矿山少,例如,可露采的煤约占 14%,铜、铝等矿露采比例更小;有些铁矿大矿,虽可露采,但因埋藏较深,剥采比大,采矿成本增多。

(4) 多数矿产矿石组分复杂、单一组分少。

我国铁矿有 1/3,铜矿有 1/4,伴生有多种其他有益组分,例如,攀枝花铁矿中伴生有钒、钛、铬、镓、锰等 13 种矿产;甘肃金川的镍矿,伴生有铜、铂、金、银、硒等 16 种元素。这一方面说明我国矿产资源综合利用大有可为,另一方面也增加了选矿和冶炼的难度。另外有一些矿,如磷、铁、锰矿都是一些颗粒细小的胶磷矿、红铁矿、碳酸锰矿石,分离难度高,也致使有些矿山长期得不到开发利用。

(5) 小矿多,大矿少,地理分布不均衡。

在探明储量的 16174 处矿产地中,大型矿床占 11%,中型矿床占 19%,小型矿床则占 70%。例如,我国铁矿 1942 处,大矿仅 95 个,占 4.9%,其余均为小矿。煤矿产地中,也绝大部分为小矿。

由于各地区地质构造特征不同,我国矿产资源分布不均衡,已探明储量的矿产大部分集中在中部地带。例如,煤的 57% 集中于山西、内蒙,而江南九省仅占 1.2%;磷矿储量的 70% 以上集中于西南中南 5 省;云母、石棉、钾盐等稀有金属主要分布于西部地区。这种地理分布的不均衡,造成了交通运输的紧张,增加了运输费用。

(6) 矿产资源自给程度较高。

据对 60 种矿物产品统计,见表 3-1,自给有余可出口的有 36 种,占 60%,基本自给的(有小量进出口的)为 15 种,占 25%,不能自给(需要进口的)或短缺的有 9 种,占 15%,其自给率可达 85% 左右。

表 3-1   主要矿产品自给及进出口情况

矿种分类 \ 自给程度	自给有余可以出口的	基本自给有进、有出的	短缺或近期需要进口的
黑色金属	钒、钛		铁、铬、锰
有色金属	钨、锡、钼、铋、锑、汞	铅、锌、钴、镍、镁、镉、铝	铜
贵金属		金、银	铂(族)
能源矿产	煤	石油、天然气	铀
稀土、稀有金属	稀土、铍、锂、锶	镓	
非金属	滑石、石墨、重晶石、叶腊石、萤石、石膏、花岗岩、大理石、板石、盐、膨润土、石棉、长石、刚玉、蛭石、浮石、焦宝石、麦饭石、硅灰石、石灰岩、芒硝、方解石、硅石	硫、磷、硼	天然碱、金刚石
合 计	36	15	9
占(%)	60	25	15

单从铁、锰、铜、铅、锌、铝、煤、石油 8 种用量最多的大宗矿产来分析,仅有煤、铅、锌、铝能够自给,其余 4 种有的自给率仅达 50%,从这个意义上来说,我国主要矿产资源自给程度还存在一定局限性。

3.4.2   矿产资源开发利用中存在的主要问题

(1) 资源总回收率低,综合利用差。

1986 年对全国 3498 个矿山进行的调查发现,国营煤矿采选回收率为 34%(美国为 57%),乡镇和个体煤矿仅为 10%～15%,3498 个矿山资源总回收率只有 30%～50%。其中 34 个矿种、515 个矿山具有综合利用价值和条件,但综合利用较好的仅占 31.1%,部分综合利用的占 25.6%,有 43.3%的矿山完全没有开展综合利用。即使有的矿山开展了综合利用,其综合利用率大多较低,例如,伴生金银的选矿回收率比发达国家低 10%。

(2) 乱采滥挖,环境保护差。

自 1986 年贯彻《矿产资源法》以来,尽管各地乱采滥挖、采富弃贫的现象有所改进,但据 1990 年调查,不少乡镇和个体矿山仍浪费惊人。例如,河南小秦岭金矿,每采 1 吨黄金就要丢弃掉 4 吨黄金,江西钨矿一年要损失钨金属 15 万吨。

此外,全国采矿废渣量日益增多,目前已达几十亿吨。大量尾砂废渣不仅污染环境,占用良田,而且造成了极大的资源浪费。

矿山资源总回收率=开采回收率×选矿回收率。

(3) 矿产资源二次利用率低,原材料消耗大。

国外发达国家已将废旧金属回收利用并作为一项重要的再生资源。例如,1988 年美国再生铜和矿山铜比例各为 50%,而我国再生铜仅占 20%。据统计,我国每年丢弃的可再生利用的废旧资源，折合人民币为 250 亿元。

(4) 深加工技术水平不高。

我国不少矿产品由于深加工技术水平低，因此在国际矿产品贸易中，主要出口原矿和初级产品，经济效益低下，如滑石初级品块矿，每吨仅 45 美元，而在国外精加工后成为无菌滑石粉，每千克 50 美元，价格相差 1000 倍。此外，优质矿没有优质优用，如山西优质炼焦煤，年产 5199 万吨，大量用于动力煤和燃料煤，损失巨大。

3.4.3 矿产资源的合理利用与保护

根据对中国矿情的辩证分析和我国矿产资源开发利用中存在的问题，从实际出发，在矿产资源开发利用中应遵循以下几项策略与措施。

1. 依法保护矿产资源

1986 年 3 月我国正式颁布了《中华人民共和国矿产资源法》，这是一部有关管理、勘查、保护、开发、利用矿产资源的基本法律，使矿产资源受到了法律的保护。

2. 运用经济手段保护矿产资源

一是按照"谁受益谁补偿，谁破坏谁恢复"的原则，开采矿产资源必须向国家缴纳矿产资源补偿费，并进行土地复垦和恢复植被；二是按照污染者付费的原则征收开采矿产过程中排放污染物的排污费，提高对矿山"三废"的综合开发利用水平，努力做到矿山尾矿、废石、矸石以及废水和废气的"资源化"和对周围环境的无害化，鼓励推广矿产资源开发废弃物最小量化和清洁生产技术；三是制定和实施矿山资源开发生态环境补偿收费，以及土地复垦保证金制度，减少矿产资源开发的环境代价。

3. 对矿产资源开发进行全过程环境管理

在开发矿山之前，要进行矿产资源开发建设项目环境影响评价，评价其影响范围和程度，同时采取相应的环境保护措施，并进行环境质量跟踪监测。

4. 开源与节流并重，以节流为主

矿产资源是不可更新的自然资源，为保证经济、社会的持续发展，一方面要寻找替代资源(以可更新资源替代不可更新资源)，并加强勘查工作，发现探明新储量；另一方面要节约利用矿产资源，提高矿产资源利用效率。

3.5 能源的利用与保护

3.5.1 能源的概念及其分类

1. 能源的概念

能源是指可被人类利用以获取有用能量的各种来源，如太阳能、风能、水能、化石燃料、核能、潮汐能等。能源是实现经济社会发展和保障人民生活的物质基础。人均能源消耗量是衡量现代化国家人民生活水平的主要指标。

2. 能源的分类

从不同角度出发，可以对能源进行不同的划分。例如，一次能源和二次能源，常规能源和新能源，可再生能源和不可再生能源，污染型能源和清洁能源等，如图 3.2 所示。

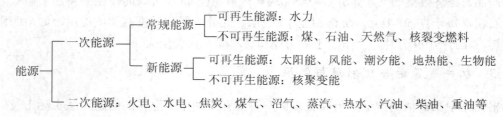

图 3.2　能源的分类

能源按转换形态可分为一次能源和二次能源。一次能源是指从自然界取得的未经任何改变或转换的能源，如原油、原煤、天然气、生物能、水能、核燃料、太阳能、地热能和潮汐能等。二次能源是指一次能源经过加工或转换成另一种形态的能源，如煤气、焦炭、汽油、煤油和电力等。

能源按使用历史可分为常规能源和新能源。常规能源是指已经大规模生产和广泛使用的能源，如煤炭、石油、天然气、水能和核能等。新能源是指正处在开发利用中的能源，如太阳能、风能、海洋能、地热能、生物能等。新能源大部分是天然和可再生的，是未来世界持久能源系统的基础。

按能源的产生和再生能力可分为可再生能源和不可再生能源两大类。可再生能源是能够不断得到补充以供使用的一次能源，如太阳能、水能、生物能、风能、潮汐能和地热能等；不可再生能源是须经地质年代才能形成而短期内无法再生的一次能源，如一切化石燃料和核裂变燃料等。不可再生能源是人类目前主要利用的能源形式。

根据能源消费后是否造成环境污染，能源又可分为污染型能源和清洁能源。例如，煤炭、石油类能源是污染型能源；水力、电力和太阳能等是清洁能源。

3.5.2　我国能源利用的特点

(1) 能源总量大，人均能源资源不足。

2000 年我国一次能源生产量为 10.9 亿吨标准煤，是世界第二大能源生产国。其中原煤产量 9.98 亿吨，居世界第 1 位；原油产量达到 1.63 亿吨，居世界第 5 位；天然气产量为 277 亿 m^3，居世界第 20 位；发电量 13500 亿 kWh，是世界上仅次于美国的电力生产大国。

虽然我国的能源资源总量大，但由于人口众多，人均能源资源相对不足，是世界上人均能耗最低的国家之一。中国人均煤炭探明储量只相当于世界平均水平的 50%，人均石油可采储量仅为世界平均水平的 10%。中国能源消耗总量仅低于美国居世界第二位，但人均耗能水平很低，1996 年人均一次商品能源消耗仅为世界平均水平的 1/2，是工业发达国家的 1/5 左右。

(2) 能源结构以煤为主。

在我国的能源消耗中，煤炭仍然占有主要地位，在一次能源的构成中，煤炭一直占 70% 以上，而且工业燃料动力的 84% 是煤炭。近几年我国的能源消耗结构发生了一些变化，煤炭消费量在一次能源消费总量中所占的比重已由 1990 年的 76.2% 降为 2000 年的 66.0%；

石油、天然气、水电、核电、风能、太阳能等所占比重由 1990 年的 23.8%上升到 2000 年的 34.0%。洁净能源的迅速发展、优质能源比重的提高，为提高能源利用效率和改善大气环境发挥了重要的作用。

(3) 工业部门消耗能源占有很大的比重。

与发达国家相比，我国工业部门耗能比重很高，而交通运输和商业民用的消耗较低。我国的能耗比例关系反映了我国工业生产中的工艺设备落后、能源管理水平低的问题。

(4) 农村能源短缺，以生物质能为主。

我国农村使用的能源以生物质能为主，特别是农村生活用的能源更是如此。在农村能源消费中，生物质能占 55%。目前，一年所生产的农作物秸秆只有 4.6 亿吨，除去饲料和工业原料，作为能源的仅为 43.9%，全国农户平均每年大约缺柴 2～3 个月。

3.5.3 能源利用对环境的影响

1. 城市大气污染

以煤炭为主的能源结构是我国大气污染严重的主要根源。据历年的资料估算，燃煤排放的主要大气污染物，如粉尘、二氧化硫、氮氧化物、一氧化碳等，总量约占整个燃料燃烧排放量的 96%。其中燃煤排放的二氧化硫占各类污染源排放的 87%，粉尘占 60%，氮氧化物占 67%，一氧化碳占 70%。我国大气污染造成的损失每年达 120 亿元人民币。

2. 温室效应增强

工业革命前，大气中的 CO_2 按体积计算是每 100 万大气单位中有 280 个单位的 CO_2。之后，由于大量化石能源的燃烧，大气 CO_2 浓度不断增加，1988 年已达到 349 个单位。如果大气中的 CO_2 浓度增加一倍，全球平均表面温度将上升 1.5～3 ℃，极地温度可能会上升 8 ℃。这样的温度可能导致海平面上升 20～140 cm，将对全球许多国家的经济、社会产生严重影响。

3. 酸雨

化石能源的燃烧产生的大量 SO_2、NO_x 等污染物通过大气传输，在一定条件下形成大面积酸雨，改变酸雨覆盖区的土壤性质，危害农作物和森林生态系统，改变湖泊水库的酸度，破坏水生生态系统，腐蚀材料，破坏文物古迹，造成巨大的经济损失。

4. 核废料问题

发展核能技术，尽管在反应堆方面已有了安全保障，但是，世界范围内民用核能计划的实施，已产生了上千吨的核废料。这些核废料的最终处理问题并没有完全解决。这些核废料在数百年内仍将保持有危害的放射性。

3.5.4 我国能源发展战略和主要对策

1. 我国的能源发展战略

我国能源发展战略可概括为 6 句话、36 个字，即保障能源安全，优化能源结构，提高能源效率，保护生态环境，继续扩大开放，加快西部开发。

(1) 保障能源安全。第一，继续坚持能源供应基本立足国内的方针，以煤为主的一次能源结构不会发生大的变化。第二，逐步建立和完善石油储备制度，形成比较完善的石油储备体系。第三，鉴于煤炭在我国能源结构中的重要地位，并结合可持续发展的需要，煤炭洁净燃烧、煤炭液化等技术的开发利用将成为一项战略任务。

(2) 优化能源结构。随着供需矛盾的缓和，我国能源发展将进一步加大结构调整力度，努力增加洁净能源的比重。

(3) 提高能源效率。在坚持合理利用资源的同时，努力提高能源生产、消费效率，以促进经济增长和提高人民生活质量。

(4) 保护生态环境。能源的生产、消费都要满足环境质量的要求，积极开发与应用先进能源技术，大力促进可再生能源的开发利用，实现能源、经济和环境的协调发展。

(5) 继续扩大开放。从 1997 年开始，经过近 30 年的发展，我国能源领域对外开放进展很快。今后我国能源领域将继续对外开放，招商引资环境将会更加完善。

(6) 加快西部开发。我国西部地区有丰富的煤炭、水力、石油、天然气以及丰富的风能和太阳能资源，具有很大的资源优势和良好的开发前景。国家正在实施西部能源开发的专项规划，"西气东输"、"西电东送" 是西部能源开发的重点。

2. 我国能源发展主要对策

(1) 加快改革步伐，逐步建立科学的能源管理体制，为能源工业发展提供体制保证。建立和完善能源发展宏观调控体系。要在继续深化煤炭、石油、天然气工业改革的同时，抓好电力体制改革。根据国际上电力体制改革的成功经验，结合我国的具体情况，对电力行业进行重组，初步建成竞争开放的区域电力市场，健全合理的电价形成机制。

(2) 建立和完善能源发展宏观调控体系。建立健全环境保护法规体系，并适当提高与现有能源生产和消费有关的排污收费标准。在电力、煤炭、石油、天然气等方面进行价格及收费政策改革的同时，还要通过税收政策，以有利于体现国家产业政策、促进经济结构调整的精神，研究制定一些新的税收及贴息政策。

(3) 积极研究制定加快中西部能源开发的政策措施，保证和促进 "西部大开发" 战略部署的实现。要研究制定针对中西部地区的具体优惠政策，吸引外资和东部地区的资金向中西部转移。同时，要运用经济和行政手段促进中西部能源向东部地区的输送。

(4) 进一步落实《节能法》，提高能源效率。我国能源利用率为 30%，发达国家为 40% 以上，日本为 57%，美国为 51%。因此，我国能源的利用具有极大的 "能效" 潜力。应加大科研投入，研究、示范与推广节能技术。制定和实施新增能源的设备能效标准，制定主要民用耗能产品的能效标准。实施大型的节能示范工程，对节能成效比较显著的设备和产品推行政府采购。

(5) 积极开发新能源。我国新能源蕴藏量丰富，要大力开发新能源，鼓励新能源的开发研究，逐步提高新能源在能源结构中的比例，走出一条适合我国国情的新能源开发之路。

复习和思考

1. 什么是自然资源？自然资源有哪些属性？
2. 简述我国水资源开发利用中存在的主要问题及其保护对策。
3. 简述我国土地资源开发利用中存在的主要问题及其保护对策。
4. 简述我国矿产资源开发利用中存在的主要问题及其保护对策。
5. 中国能源利用的特点是什么？它会产生哪些环境影响？

第2篇 污染控制工程篇

第4章 大气污染控制工程

4.1 概 述

根据国际标准化组织(ISO)的定义,大气是指地球环境周围所有空气的总和。大气是自然环境的重要组成部分,是人类及一切生物赖以生存的物质。像鱼类生活在水中一样,人类生活在地球大气的底部,并且一刻也离不开大气。大气为地球生命的繁衍、人类的发展,提供了理想的环境。

大气在垂直方向上的温度、组成与物理性质是不均匀的。根据大气温度垂直分布的特点,在结构上可将大气圈分为5层,即对流层、平流层、中间层、暖层、散逸层。其中对流层中存在着极其复杂的气象条件,各种天气现象都出现在这一层,该层有时形成污染物易于扩散的条件,有时又形成污染物不易扩散的条件。人类活动排放的污染物主要是在对流层中聚集,大气污染主要也是在这一层发生。因而,对流层的状况对人类生活影响最大,与人类关系最为密切,是人类进行研究的主要对象。

4.1.1 大气污染的定义及其污染物

1. 大气污染的定义

按照国际标准化组织(ISO)的定义,"大气污染通常是指由于人类活动或自然过程引起某些物质进入大气中,呈现出足够的浓度,达到足够的时间,并因此危害了人体的舒适、健康和福利,或危害了环境的现象"。所谓对人体舒适、健康的危害,包括对人体正常生理机能的影响,引起急性病、慢性病,甚至死亡等,而所谓福利,则包括与人类协调并共存的生物、自然资源,以及财产、器物等。

这里指明了造成大气污染的原因是人类活动和自然过程。自然过程包括火山活动、森林火灾、海啸、土壤和岩石的风化、雷电、动植物尸体的腐烂以及大气圈空气的运动等。但是,由自然过程引起的空气污染,通过自然环境的自我净化作用(如稀释、沉降、雨水冲洗、地面吸附、植物吸收等物理、化学及生物机能),一般经过一段时间后会自动消除,能维持生态系统的平衡,因而,大气污染主要是由于人类进行生产与生活活动向大气中排放的污染物质在大气中积累,超过了环境的自净能力而造成的。

"定义"还指明了形成大气污染的必要条件,即污染物在大气中要含有足够的浓度,并在此浓度下对受体作用足够的时间。在此条件下对受体及环境产生了危害,造成了后果。大气中有害物质的浓度越高,污染就越重,危害也就越大。污染物在大气中的浓度,除了取决于排放的总量外,还同排放源高度、气象和地形等因素有关。

2. 大气污染物

排入大气的污染物种类很多,依据不同的原则,可将其进行分类。

依照污染物存在的形态,可将其分为颗粒污染物与气态污染物。

依照与污染源的关系,可将其分为一次污染物与二次污染物。若大气污染物是从污染源直接排出的原始物质,进入大气后其性质没有发生变化,则称其为一次污染物;若由污染源排出的一次污染物与大气中的原有成分,或几种一次污染物之间,发生了一系列的化学变化或光化学反应,形成了与原污染物性质不同的新污染物,则所形成的新污染物称为二次污染物。

1) 颗粒污染物

进入大气的固体粒子和液体粒子均属于颗粒污染物。对颗粒污染物可作如下分类。

(1) 粉尘。粉尘是指悬浮于气体介质中的小固体颗粒,受重力作用能发生沉降,但在一段时间内能保持悬浮状态。它通常是由于固体物质的破碎、研磨、分级、输送等机械过程,或土壤、岩石的风化等自然过程形成的。颗粒的状态往往是不规则的。颗粒的尺寸范围,一般为 $1\sim200\,\mu m$ 左右。属于粉尘类的大气污染物的种类很多,如黏土粉尘、石英粉尘、粉煤、水泥粉尘、各种金属粉尘等。

(2) 烟。烟一般是指在冶金过程中形成的固体颗粒气溶胶。它是熔融物质挥发后生成的气态物质的冷凝物,在生成过程中总是伴有诸如氧化之类的化学反应。烟颗粒的尺寸很小,一般为 $0.01\sim1\,\mu m$ 左右。产生烟是一种较为普遍的现象,如在有色金属冶炼过程中产生的氧化铅烟、氧化锌烟,在核燃料后处理场中的氧化钙烟等。

(3) 飞灰。飞灰是指随燃料燃烧产生的烟气排出的分散得较细的灰分。

(4) 黑烟。黑烟一般是指由燃料燃烧产生的能见气溶胶。

(5) 雾。雾是气体中液滴悬浮体的总称。在气象中指造成能见度小于 $1\,km$ 的小水滴悬浮体。

在我国的环境空气质量标准中,还根据粉尘粒径的大小,将其分为总悬浮颗粒物和可吸入颗粒物。总悬浮颗粒物(TSP)指悬浮在空气中,空气动力学当量直径≤$100\,\mu m$ 的颗粒物。可吸入颗粒物指悬浮在空气中,空气动力学当量直径≤$10\,\mu m$ 的颗粒物。

颗粒物对人体健康危害很大,其危害主要取决于大气中颗粒物的浓度和人体在其中暴露的时间。研究数据表明,因上呼吸道感染、心脏病、支气管炎、气喘、肺炎、肺气肿等疾病而到医院就诊人数的增加与大气中颗粒物浓度的增加是相关的。患呼吸道疾病和心脏病老人的死亡率也表明,在颗粒物浓度一连几天异常高的时期内就有所增加。暴露在合并有其他污染物(如 SO_2)的颗粒物中所造成的健康危害,要比分别暴露在单一污染物中严重得多。表 4-1 中列举了颗粒物浓度与其产生的影响之间关系的有关数据。

表 4-1 观察到的颗粒物的影响

颗粒物浓度/(mg/m³)	测量时间及合并污染物	影　响
0.06~0.18	年度几何平均,SO_2 和水分	加快钢和锌板的腐蚀
0.15	相对湿度<70%	能见度缩短到 8 km
0.10~0.15		直射日光减少 1/3
0.08~0.10	硫酸盐水平 30 mg/(cm²·月)	50 岁以上的人死亡率增加

续表

颗粒物浓度/(mg/m³)	测量时间及合并污染物	影　　响
0.10～0.13	$SO_2>0.12$ mg/m³	儿童呼吸道发病率增加
0.20	24 h 平均值，$SO_2>0.25$ mg/m³	工人因病未上班人数增加
0.30	24 h 最大值，$SO_2>0.63$ mg/m³	慢性支气管炎病人可能出现急性恶化的症状
0.75	24 h 平均值，$SO_2>0.715$ mg/m³	病人数量明显增加,可能发生大量死亡

颗粒物粒径大小是危害人体健康的另一重要因素。它主要表现在两个方面。

(1) 粒径越小，越不易沉积，长时间漂浮在大气中容易被吸入体内，且容易深入肺部。一般粒径在 100 μm 以上的尘粒会很快在大气中沉降，10 μm 以上的尘粒可以滞留在呼吸道中；5～10 μm 的尘粒大部分会在呼吸道沉积，被分泌的黏液吸附，可以随痰排出；小于 5 μm 的尘粒能深入肺部，0.01～0.1 μm 的尘粒，50%以上将沉积在肺腔中，引起各种尘肺病。

(2) 粒径越小，粉尘比表面积越大，物理、化学活性越高，加剧了生理效应的发生与发展。此外，尘粒的表面可以吸附空气中的各种有害气体及其他污染物，而成为它们的载体，如可以承载致癌物质苯并[a]芘及细菌等。

2) 气态污染物

以气体形态进入大气的污染物称为气态污染物。气态污染物种类极多，按其对我国大气环境的危害大小，主要分为 5 种。

(1) 含硫化合物。主要是指 SO_2、SO_3 和 H_2S 等，其中以 SO_2 的数量最大，危害最大，是影响大气质量的最主要的气态污染物。

SO_2 在空气中的浓度达到$(0.3～1.0)\times10^{-6}$mg/m³ 时，人们就会闻到一种气味。包括人类在内的各种动物，对 SO_2 的反应都会表现为支气管收缩。一般认为，空气中 SO_2 浓度在0.5×10^{-6}mg/m³ 以上的，对人体健康已有某种潜在性影响，$(1～3)\times10^{-6}$ mg/m³ 时多数人开始受到刺激，10×10^{-6} mg/m³ 时刺激加剧，个别人还会出现严重的支气管痉挛。

当大气中 SO_2 氧化形成硫酸和硫酸烟雾时，即使其浓度只相当于 SO_2 的 1/10，其刺激和危害也将更加显著。根据动物实验表明，硫酸烟雾引起的生理反应要比单一 SO_2 气体强4～20 倍。

(2) 含氮化合物。含氮化合物种类很多，其中最主要的是 NO、NO_2、NH_3 等。

NO 毒性不太大，但进入大气后可被缓慢地氧化成 NO_2，当大气中有 O_3 等强氧化剂存在时，或在催化剂作用下，其氧化速度会加快。NO_2 是棕红色气体，其毒性约为 NO 的 5倍，对呼吸器官有强烈的刺激作用。据实验表明，NO_2 会迅速破坏肺细胞，可能是哮喘病、肺气肿和肺癌的一种病因。环境空气中 NO_2 浓度低于 0.01×10^{-6} mg/m³ 时，儿童(2～3 周岁)支气管炎的发病率有所增加；NO_2 浓度为$(1～3)\times10^{-6}$ mg/m³ 时，可闻到臭味；浓度为13×10^{-6}mg/m³ 时，眼、鼻有急性刺激感；在浓度为 17×10^{-6} mg/m³ 的环境下，呼吸 10 min，会使肺活量减少，肺部气流阻力增加。NO_x 与碳氢化合物混合时，在阳光照射下发生光化学反应生成光化学烟雾。光化学烟雾的成分是过氧乙酰硝酸酯(PAN)、O_3、醛类等光化学氧化剂，它们的危害更加严重。

(3) 碳氧化合物。污染大气的碳氧化合物主要是 CO 和 CO_2。

CO 是一种窒息性气体，进入大气后，由于大气的扩散稀释作用和氧化作用，一般不会造成危害。但在城市冬季采暖季节或在交通繁忙的十字路口，当气象条件不利于排气扩散时，CO 的浓度有可能达到危害人体健康的水平。在 CO 浓度为$(10\sim15)\times10^{-6}$ mg/m³ 时暴露 8 小时或更长时间的有些人，对时间间隔的辨别力就会受到损害。这种浓度范围是白天商业区街道上的普遍现象。为 30×10^{-6} mg/m³ 时暴露 8 小时或更长时间，会造成损害，出现呆滞现象。一般认为，CO 浓度为 100×10^{-6} mg/m³ 是一定年龄范围内健康人暴露 8 小时的工业安全上限。CO 浓度达到 100×10^{-6} mg/m³ 以上时，多数人会感觉眩晕、头痛和倦怠。

CO_2 是无毒气体，但当其在大气中的浓度过高时，使氧气含量相对减少，对人便会产生不良影响。地球上的 CO_2 浓度增加后产生"温室效应"。

（4）碳氢化合物。此处主要是指有机废气。有机废气中的许多组分构成了对大气的污染，如烃、醇、酮、酯、胺等。

大气中的挥发性有机化合物(VOC)，一般是 $C_1\sim C_{10}$ 化合物，它不完全等同于严格意义上的碳氢化合物，因为它除含有碳和氢原子以外，还常含有氧、氮和硫的原子。甲烷被认为是一种非活性烃，所以人们总以非甲烷烃类(NMHC)的形式来报道环境中烃的浓度。特别是多环芳烃(PAH)中的苯并[a]芘(B[a]P)是强致癌物质，因而作为大气受 PAH 污染的依据。苯并[a]芘主要通过呼吸道侵入肺部，并引起肺癌。实验数据表明，肺癌与大气污染、苯并[a]芘含量的相关性是显著的。从世界范围看，城市肺癌死亡率约比农村高 2 倍，有的城市高达 9 倍。

（5）卤素化合物。对大气构成污染的卤素化合物，主要是含氯化合物及含氟化合物，如 HCl、HF、SiF_4 等。

气态污染物从污染源排入大气中，可以直接对大气造成污染，同时还经过反应形成二次污染物。主要气态污染物和其所形成的二次污染物种类见表 4-2。

表 4-2　气体状态大气污染物的种类(注：M 代表金属离子)

污 染 物	一次污染物	二次污染物	污 染 物	一次污染物	二次污染物
含硫化合物	SO_2、H_2S	SO_3、H_2SO_4、MSO_4	碳氢化合物	C_mH_n	醛、酮等
含氮化合物	NO、NO_2	NO_2、HNO_3、MNO_3、O_3	卤素化合物	HF、HCl	无
碳氧化合物	CO、CO_2	无			

3) 二次污染物

二次污染物中危害最大，也最受人们普遍重视的是硫酸烟雾和光化学烟雾。

（1）硫酸烟雾。因为其最早发生在英国伦敦，也称为伦敦型烟雾。硫酸烟雾是还原型烟雾，是大气中的 SO_2 等硫氧化物，在有水雾、含有重金属的悬浮颗粒物或氮氧化物存在时，发生一系列化学或光化学反应而生成的硫酸烟雾或硫酸盐气溶胶。这种污染一般发生在冬季气温低、湿度高和日光弱的天气条件下。硫酸烟雾引起的刺激作用和生理反应等危害要比 SO_2 气体大得多。

（2）光化学烟雾。1946 年美国洛杉矶首先发生严重的光化学烟雾事件，故又称洛杉矶型烟雾。光化学烟雾是氧化型烟雾，是在阳光照射下，大气中的氮氧化物和碳氢化合物等污染物发生一系列光化学反应而生成的蓝色烟雾(有时带些紫色或黄褐色)。其主要成分有臭氧、过氧乙酰硝酸酯(PAN)、酮类和醛类等。光化学烟雾的刺激性和危害比一次污染物强烈得多。

4.1.2 大气污染源及其污染类型

根据大气污染的定义，大气污染物主要来源于自然过程和人类活动。大气污染物的排放源及排放量的情况见表4-3。

表4-3 地球上自然过程及人类活动的排放源及排放量

污染物名称	自 然 排 放		人类活动排放		大气中背景浓度
	排 放 源	排放量/(t/年)	排 放 源	排放量/(t/年)	
SO_2	火山活动	未估计	煤和油的燃烧	146×10^6	0.2×10^{-9}
H_2S	火山活动、沼泽中的生物作用	100×10^6	化学过程污水处理	3×10^6	0.2×10^{-9}
CO	森林火灾、萜烯反应	33×10^6	机动车和其他燃烧过程排气	304×10^6	0.1×10^{-9}
$NO-NO_2$	土壤中的细菌作用	NO: 430×10^6 NO_2: 658×10^6	燃烧过程	53×10^6	NO: $0.2\sim4\times10^{-9}$ NO_2: $0.5\sim4\times10^{-9}$
NH_3	生物腐烂	1160×10^6	废物处理	4×10^6	$6\sim20\times10^{-9}$
N_2O	土壤中的生物作用	590×10^6	无	无	0.25×10^{-6}
C_mH_n	生物作用	CH_4: 1.6×10^9 萜烯: 200×10^6	燃烧和化学过程	88×10^6	CH_4: 1.5×10^{-6} 非 $CH_4<1\times10^{-9}$
CO_2	生物腐烂、海洋释放	10^{12}	燃烧过程	1.4×10^{19}	320×10^{-9}

由自然过程排放污染物所造成的大气污染多为暂时的和局部的，人类活动排放污染物是造成大气污染的主要根源。因此，对大气污染所作的研究，主要是针对人为造成的大气污染问题。

1. 大气污染源

关于污染源的含义，目前还没有一个通用的确切的含义。按一般理解，它含有"污染物发生源"的意思，如火力发电厂排放 SO_2，为 SO_2 的发生源，因此就将发电厂称为污染源。它的另一个含义是"污染物来源"，如燃料燃烧对大气造成了污染，则表明污染物来源于燃料燃烧。通常所说的污染源，其含义指的是前者。

为了满足污染调查、环境评价、污染物治理等不同方面的需要，对人工源进行了多种分类。

1) 按污染源存在形式分

(1) 固定污染源。排放污染物的装置、所处位置固定，如火力发电厂、烟囱、炉灶等。

(2) 移动污染源。排放污染物的装置、所处位置是移动的，如汽车、火车、轮船等。

2) 按污染物排放形式分

(1) 点源。集中在一点或在可当作一点的小范围内排放污染物，如烟囱。

(2) 线源。沿着一条线排放污染物，如汽车、火车等的排气。

(3) 面源。在一个大范围内排放污染物，如成片的民用炉灶、工业炉窑等。

3) 按污染物排放空间分

(1) 高架源。在距地面一定高度上排放污染物，如烟囱。

(2) 地面源。在地面上排放污染物。

4) 按污染物排放时间分

(1) 连续源。连续排放污染物，如火力发电厂的排烟。

(2) 间断源。间歇排放污染物，如某些间歇生产过程的排气。

(3) 瞬时源。无规律地短时间排放污染物，如事故排放。

5) 按污染物发生类型分

(1) 工业污染源。主要包括工业用燃料燃烧排放的废气及工业生产过程的排气等。

(2) 农业污染源。农用燃料燃烧的废气、某些有机氯农药对大气的污染、施用的氮肥分解产生的 NO_x。

(3) 生活污染源。民用炉灶及取暖锅炉燃煤排放的污染物，焚烧城市垃圾的废气，城市垃圾在堆放过程中由于厌氧分解排出的有害污染物。

(4) 交通污染源。交通运输工具燃烧燃料排放的污染物。

2. 大气污染物的来源

造成大气污染的污染物，从生产源来看，主要来自以下几个方面。

1) 燃料燃烧

火力发电厂、钢铁厂、炼焦厂等工矿企业的燃烧，各种工业窑炉的燃料燃烧以及各种民用炉灶、取暖锅炉的燃料燃烧均向大气排放出大量污染物。燃烧排气中的污染物组分与能源消费结构有密切关系。发达国家能源以石油为主，大气污染物主要是一氧化碳、二氧化硫、氮氧化物和有机化合物。我国能源以煤为主，主要大气污染物是颗粒污染物和二氧化硫。

2) 工业生产过程

化工厂、石油炼制厂、钢铁厂、焦化厂、水泥厂等各种类型的工业企业，在原材料及产品的运输、粉碎以及由各种原料制成成品的过程中，都会有大量的污染物排入大气中，由于工艺、流程、原材料及操作管理条件和水平的不同，所排放污染物的种类、数量、组成、性质等差异很大。这类污染物主要有粉尘、碳氢化合物、含硫化合物、含氮化合物以及卤素化合物等多种污染物。

3) 农业生产过程

农业生产过程对大气的污染主要来自农药和化肥的使用。有些有机氯农药如 DDT，施用后能在水面悬浮，并同水分子一起蒸发而进入大气。氮肥在施用后，可直接从土壤表面挥发成气体进入大气。而以有机氮或无机氮进入土壤的氮肥，在土壤微生物作用下可转化为氮氧化物进入大气，从而增加了大气中氮氧化物的含量。稻田释放的甲烷，也会对大气造成污染。

4) 交通运输

各种机动车辆、飞机、轮船等均排放有害废物到大气中。由于交通运输工具主要以燃油为主，因此主要的污染物是碳氢化合物、一氧化碳、氮氧化物、含铅污染物、苯并[a]芘等。排放到大气中的这些物质，在阳光照射下，有些还可经光化学反应生成光化学烟雾，因此，它也是二次污染物的主要来源之一。

大气污染物的上述几个来源，具体到不同的国家，由于燃料结构的不同，生产水平、生产规模以及生产管理方法的不同，污染物的主要来源也不同。

根据对烟尘、二氧化硫、氮氧化物和一氧化碳 4 种主要污染物的统计表明，我国大气污染物主要来源于燃料燃烧，其次是工业生产与交通运输，它们所占的比例分别为 70%、20% 和 10%。我国的燃料构成是以燃煤为主，煤炭消耗约占能源消费的 70%，因此煤的燃烧成为我国大气污染物的主要来源，同时也形成了我国煤烟型大气污染的特点。虽然随着交通运输等事业的发展，这种状况会有所改变，但我国的资源特点和经济发展水平决定了以煤炭为主的能源结构将长期保持，因此，控制煤烟型的大气污染将是我国大气污染防治的主要任务。

4.2 大气污染物的扩散

一个地区的大气污染程度与下列因素有关。

(1) 源参数。源参数是指污染源排放污染物的数量、组成、排放源的密集程度及位置等。它是影响大气污染的重要因素，它决定了进入大气的污染物的量和所涉及的范围。

(2) 气象因素。大气污染物自污染源排出后，在到达受体之前，在大气中要经过气象因素作用而引起的输送和扩散稀释，要经过物理或化学变化等过程。在这许多变化过程中，气象因素将决定大气对污染物的稀释扩散速率和迁移转化的途径。

(3) 下垫面状况。下垫面是指大气底层接触面的性质、地形及建筑物的构成情况。下垫面的状况不同，会影响到气流的运动，同时也直接影响当地的气象条件，因此同样会对大气污染物的扩散造成影响。

4.2.1 影响大气污染物扩散的气象因素

1. 风与湍流

大气运动包括了有规则的、平直的水平运动和不规则的、紊乱的湍流运动，实际的大气运动就是这两种运动的叠加。

1) 风

空气的水平运动称为风。描述风的两个要素为风向和风速。风对污染物的扩散有两个作用。第一个作用是整体的输送作用，风向决定了污染物迁移运动的方向；第二个作用是对污染物的冲淡稀释作用，对污染物的稀释程度主要取决于风速。风速越大，单位时间内与烟气混合的清洁空气量越大，冲淡稀释的作用就越好。一般来说，大气中污染物的浓度与污染物的总排放量成正比，而与风速成反比。

2) 湍流

大气除了整体水平运动以外，还存在着不同于主流方向的各种不同尺度的次生运动或漩涡运动，把这种极不规则的大气运动称为湍流。大气湍流与大气的热力因子如大气的垂直稳定度有关，又与近地面的风速和下垫面等机械因素有关。前者所形成的湍流称为热力湍流，后者所形成的湍流称为机械湍流，大气湍流就是这两种湍流综合作用的结果。大气湍流以近地层大气表现最为突出。

大气的湍流运动造成湍流场中各部分之间的强烈混合。当污染物由污染源排入大气中时，高浓度部分污染物又与湍流混合，不断被清洁空气渗入，同时又无规则地分散到其他方向去，使污染物不断地被稀释、冲淡。

风和湍流是决定污染物在大气中扩散状况的最直接的因子，也是最本质的因子，是决定污染物扩散快慢的决定性因素。风速愈大，湍流愈强，污染物扩散稀释就愈快。因此凡是有利于增大风速、增强湍流的气象条件，都有利于污染物的稀释扩散，否则，将会使污染加重。

2. 大气的温度层结和逆温

大气的温度层结是指大气的温度在垂直方向上的分布，即在地表上方不同高度大气的温度情况。大气的湍流状况在很大程度上取决于近地层大气的垂直温度分布，因而大气的温度层结直接影响着大气的稳定程度，稳定的大气将不利于污染物的扩散。对大气湍流的测量比对相应垂直温度的测量要困难得多，因此常用温度层结作为大气湍流状况的指标，从而判断污染物的扩散情况。

在正常的气象条件下(即标准大气情况下)，近地层的气体温度总要比其上层的气体温度高。因此，在对流层内，气温垂直变化的总趋势是随高度的增加而逐渐降低的。气温垂直变化的这种情况，用气温垂直递减率(γ)来表示。气温垂直递减率的含义是：在垂直于地球表面的方向上高度每增加 100 m 的气温变化值。在正常的气象条件下，对流层内不同高度上的 γ 值不同，其平均值约为 0.65℃/100 m。

由于近地层实际大气的情况非常复杂，各种气象条件都可以影响到气温的垂直分布，因此实际大气的温度垂直分布与标准大气可以有很大的不同。概括起来有下述 3 种情况。

(1) 气温随高度的增加而降低，其温度垂直分布与标准大气相同，此时 $\gamma > 0$。

(2) 高度增加，气温保持不变，符合这样特点的气层称为等温层，此时 $\gamma = 0$。

(3) 气温随高度的增加而升高，其温度垂直分布与标准大气相反。这种现象称为逆温。出现逆温的气层称为逆温层，此时 $\gamma < 0$。

逆温层的出现将阻止气团的上升运动，使逆温层以下的污染物不能穿过逆温层，只能在其下方扩散，因此可能造成高浓度污染。

3. 大气稳定度与污染物的扩散

1) 大气稳定度

大气稳定度是空气团在铅直方向稳定程度的一种度量。当气层中的气团受到对流冲击力的作用时，产生了向上或向下的运动，那么当外力消失后，该气团继续运动的趋势将存在 3 种可能的情况。

(1) 该气团的运动速度逐渐减小，并有返回原来高度的趋势，这种情况表明此时的气层对该气团是稳定的。

(2) 该气团仍继续上升或下降，并且速度不断增加，运动的结果是气团逐渐远离原来的高度，这表明此时的气层是不稳定的。

(3) 气团被推到某一高度就停留在那一高度保持不动，这表明该气层是中性的。

空气团在大气中的升降过程可看作为绝热过程，气团在大气中绝热上升或下降时的温度变化情况用干绝热递减率来描述，即干气团或未饱和的湿空气团绝热上升或下降单位高度(通常取 100 m)时，温度降低或升高的数值用 γ_d 表示，$\gamma_d \approx 1℃/100$ m。

大气稳定度用气温垂直递减率(γ)与干绝热递减率(γ_d)的对比进行判断，当 $\gamma > \gamma_d$ 时，大气处于不稳定状态；当 $\gamma = \gamma_d$ 时，大气处于中性状态；当 $\gamma < \gamma_d$ 时，大气则处于稳定状态。逆温则是典型的稳定大气的例子。

当大气处于稳定状态时，湍流受到限制，大气不易产生对流，因而大气对污染物的扩散能力很弱。如逆温条件下的大气层均处于稳定状态或强稳定状态，污染物极不易扩散，会引起高浓度污染。当大气处于不稳定状态时，空气对流很少阻碍，湍流可以充分发展，对大气中的污染物扩散稀释能力就很强。

2) 大气稳定度与污染物扩散的关系

通过分析大气稳定度对烟流扩散的影响,可以得出大气稳定度与污染物扩散的关系。图 4.1 表示的是不同温度层结情况下烟流的典型形状。

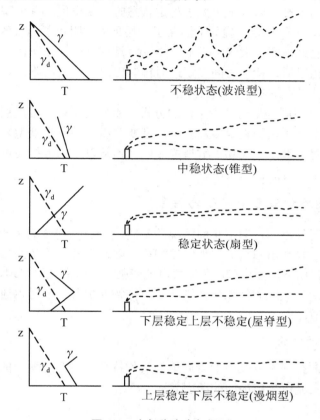

不稳状态(波浪型)

中稳状态(锥型)

稳定状态(扇型)

下层稳定上层不稳定(屋脊型)

上层稳定下层不稳定(漫烟型)

图 4.1   大气稳定度与烟型

(1) 波浪型,又称蛇形型。此时大气状况为 $\gamma > \gamma_d$,大气处于不稳定状态。由于对流强烈,污染物扩散快,因此地面最大浓度落地点距烟囱较近且浓度较大。这种情况多发生在晴朗的白天。

(2) 锥型。烟气沿主导风向呈锥形流动,这种烟型的扩散速度比波浪型慢,大气状况为 $\gamma = \gamma_d$,处于中性或弱稳定状态,污染物落地浓度低于波浪型,但污染距离长。这种状况多发生在多云的白天或冬季的夜晚。

(3) 扇型,又称平展型。在垂直方向上烟流扩散很小,沿水平方向缓慢扩散,烟流从烟源处成扇形展开。此时的大气状况为 $\gamma < \gamma_d$,即在烟源出口的一层大气处于逆温,因此污染情况随烟源有效源高低的不同而不同。这种烟云对地面污染较轻,而且能传送到较远的地方。但若遇到山峰、高层建筑物的阻挡,则可出现下沉现象,造成严重污染。在晴朗天气的夜间或清晨常出现这种烟型。

(4) 屋脊型,又称爬升型,排出的烟流呈屋脊形扩散。在排烟出口上方 $\gamma > \gamma_d$,大气处于不稳定状态;排烟出口下方 $\gamma < \gamma_d$,大气处于稳定状态,气温为逆温层,因此,排出的烟

流只能向上扩散，而不能向下扩散。这种烟型对地面不会造成很大的污染。这种烟型一般出现在日落后，持续时间较短。

(5) 漫烟型，又称熏烟型。在存在着辐射逆温(由于地面强烈辐射冷却而形成的逆温)的情况下，日出后由于地面增温，低层空气被加热，使逆温从地面向上逐渐破坏。当不稳定大气发展到烟流的下缘，而上部仍处于稳定状态时，就出现这种烟型。此时排烟出口上方仍存在逆温 $\gamma < \gamma_d$，大气稳定，犹如上面盖了一层顶盖，阻止了烟气的向上扩散；而在排烟出口下方，逆温已遭破坏，大气不稳定，$\gamma > \gamma_d$，造成烟气大量下沉，发生熏烟情况。这种情况多发生在日出以后，持续时间较短，对排烟出口下风向的附近地面会造成强烈的污染，很多烟雾事件就是在这种情况下形成的。

通过对以上 5 种不同烟型的产生条件的分析，粗略地了解了温度层结与大气稳定度对烟云扩散的影响。由于影响因素很多，实际烟型要比以上的典型烟型复杂得多，例如，风和地面粗糙度都会对烟型及污染物扩散造成影响。但从以上的分析还可以直观地了解到污染物扩散与大气稳定与否的密切关系。

4.2.2 大气污染物扩散与下垫面的关系

地形或地面情况的不同，即下垫面情况的不同，会影响到该地区的气象条件，形成局部地区的热力环流，表现出独特的局地气象特征。除此之外，下垫面本身的机械作用也会影响到气流的运动，如下垫面粗糙，湍流就可能较强，下垫面光滑平坦，湍流就可能较弱。因此，下垫面通过影响该地的气象条件影响着污染物的扩散，同时也通过本身的机械作用影响着污染物的扩散。

1. 城市下垫面的影响

城市下垫面以两种基本方式改变着局地的气象特征，一个是城市的热力效应，即城市热岛效应；另一个是城市粗糙地面的动力效应。

1) 城市热岛效应

城市是人口、工业高度集中的地区，由于人的活动和工业生产，使城市温度比周围郊区温度高，这一现象被称为城市热岛效应。由于城区温度比农村高，特别是低层空气温度比四周郊区空气温度高，于是城市地区热空气上升，并在高空向四周辐散，而四周郊区较冷的空气流过来补充，形成了城市特有的热力环流——热岛环流。这种现象在夜间和晴朗平稳的天气下表现得最为明显，图 4.2 就是这种环流的示意图。

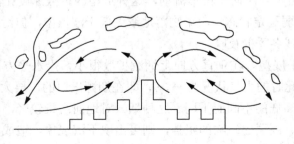

图 4.2 城市热岛环流

由于热岛环流的存在，城市郊区工厂所排放的污染物可由低层吹向市区，使市区污染物浓度升高。因此，在城市四周布置工业区时，要考虑到热岛环流存在这一特点。

2) 动力效应

城市下垫面粗糙度大，对气流产生了阻挡作用，使得气流的速度与方向变得很复杂，而且还能造成小尺度的涡流，阻碍烟气的迅速传输，不利于烟气扩散。这种影响的大小与建筑物的形状、大小、高矮及烟囱高度有关，烟囱越低，影响越大。

2. 山区下垫面的影响

山区地形复杂，日照不均匀，使得各处近地层大气的增热与冷却的速度不同，因而形成了山区特有的局地热力环流，它们对大气污染物的扩散影响很大。

1) 过山气流

气流过山时，在山坡迎风面造成上升气流，山脚处形成反向涡流；背风面造成下沉气流，山脚处形成回流区。污染源在山坡上风侧时，对迎风坡会造成污染，而在背风侧，污染物会被下沉气流带至地面，或在回流区内回旋积累，无法扩散出去，很容易造成高浓度污染。

2) 坡风和谷风

晴朗的夜晚，由于坡地辐射冷却快，贴近山坡的冷而重的空气顺坡滑向谷底，形成下坡风。下坡风可将污染物带至地面，或聚集谷底、低地，形成厚而强的逆温层，阻滞污染物的扩散，形成严重的局地污染。

山谷各处的下坡风汇集谷底，形成一股速度较大、层次较厚的气流，流向平原或谷地下游，形成山风。白天情况与此相反，风从平原吹向山谷，形成谷风；从谷底吹向山坡，形成上坡风。

山谷风具有明显的日变化，如图 4.3 所示，大气污染也就具有了明显的日变化。

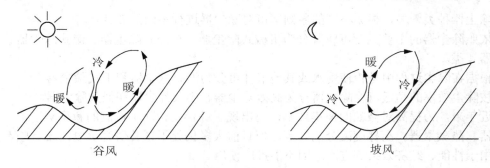

图 4.3　谷风和坡风

3. 水陆交界区的影响

水陆交界处(沿海、沿湖地带)，经常出现海陆风。白天，地表受热后，陆地增温比海面快，因此陆地上的气温高于海面上的气温。陆地上的暖空气上升，并在上层流向海洋。而下层海面上的空气则由海洋流向陆地，形成海风。夜间，陆地散热快，海洋散热慢，形成和白天相反的热力环流，上层空气由海洋吹向陆地，而下层空气则由陆地吹向海洋，即为陆风，如图 4.4 所示。

海陆风的环状气流不能把污染物完全输送、扩散出去，当海陆风转换时，原来被陆风带走的污染物会被海风带回原地，形成重复污染。

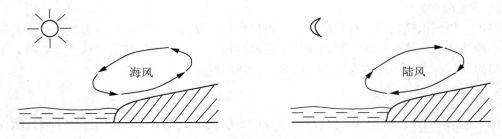

图4.4 海风和陆风

4.3 大气污染控制工程技术

如前所述，无论是大气污染源、污染物、污染类型还是大气污染物的危害，都具有多样性，这种多样性给大气污染控制带来了很大的难度。因此，要从根本上解决大气污染的问题，也就必须多种手段并行。在符合自然规律的前提下，运用社会、经济、技术等多种手段对大气污染进行从源头到末端的综合治理，才能达到人与大气环境的和谐。本节将重点介绍控制大气污染物的技术手段。

4.3.1 颗粒物净化

从烟气中将颗粒物分离出来并加以捕集、回收的过程称为除尘。实现上述过程的设备称为除尘器。

1. 除尘装置的分类

除尘器种类繁多，根据不同的原则，可对除尘器进行不同的分类。

依照除尘器的主要机制可将其分为机械式除尘器、过滤式除尘器、湿式除尘器、静电除尘器4类。

根据在除尘过程中是否使用水或其他液体可分为湿式除尘器和干式除尘器。

按除尘效率的高低可将除尘器分为高效除尘器、中效除尘器和低效除尘器。

近年来，为提高对微粒的捕集效率，还出现了综合几种除尘机制的新型除尘器。如声凝聚器、热凝聚器、高梯度磁分离器等，但目前大多仍处于试验研究阶段，还有些新型除尘器由于性能、经济效果等方面原因不能推广使用。

2. 各类除尘装置

1) 机械式除尘器

机械式除尘器是通过质量力的作用达到除尘目的的除尘装置。质量力包括重力、惯性力和离心力，主要除尘器形式为重力沉降室、惯性除尘器和离心式除尘器等。

(1) 重力沉降室。重力沉降室是利用粉尘与气体的密度不同，使含尘气体中的尘粒依靠自身的重力从气流中自然沉降下来，达到净化目的的一种装置。

重力沉降室是各种除尘器中最简单的一种，只能捕集粒径较大的尘粒，只对粒径为 $50\,\mu m$ 以上的尘粒具有较好的捕集作用，因此除尘效率较低，只能作为初级除尘手段。

(2) 惯性除尘器。利用粉尘与气体在运动中的惯性力不同，使粉尘从气流中分离出来的方法为惯性力除尘，常用方法是使含尘气流冲击在挡板上，气流方向发生急剧改变，气流中的尘粒惯性较大，不能随气流急剧转弯，便从气流中分离出来。

在一般情况下，惯性除尘器中的气流速度越高，气流方向转变角度越大，气流转换方向次数越多，则对粉尘的净化效率越高，但压力损失也越大。

惯性除尘器适于非黏性、非纤维性粉尘的去除，设备结构简单，阻力较小，但其分离效率较低，约为 50%～70%，只能捕集粒径为 10 μm～20 μm 以上的粗尘粒，故只能用于多级除尘中的第一级除尘。

(3) 离心式除尘器。使含尘气流沿某一方向作连续的旋转运动，粒子在随气流旋转中获得离心力，使粒子从气流中分离出来的装置为离心式除尘器，也称为旋风除尘器，如图 4.5 所示。

在机械式除尘器中，离心式除尘器是效率最高的一种。它适用于非黏性、非纤维性粉尘的去除，对粒径大于 5 μm 以上的颗粒具有较高的去除效率，属于中效除尘器，除尘效率在 85% 左右，且可用于高温烟气的净化，因此是应用广泛的一种除尘器。它多应用于锅炉烟气除尘、多级除尘及预除尘。它的主要缺点是对细小尘粒(<5 μm)的去除效率较低。

2) 过滤式除尘器

过滤式除尘是使含尘气体通过多孔滤料，把气体中的尘粒截留下来，使气体得到净化的方法。按滤尘方式有内部过滤与外部过滤两种形式。内部过滤是把松散多孔的滤料填充在框架内作为过滤层，尘粒是在滤层内部被捕集，如颗粒层过滤器就属于内部过滤器，如图 4.6 所示。

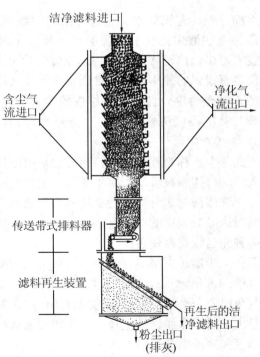

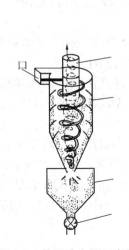

图 4.5 旋风除尘器示意图   图 4.6 颗粒层过滤器示意图

外部过滤器是用纤维织物、滤纸等作为滤料,通过滤料的表面捕集尘粒。这种除尘方式最典型的装置是袋式除尘器,如图4.7所示,它是过滤式除尘器中应用最广泛的一种。

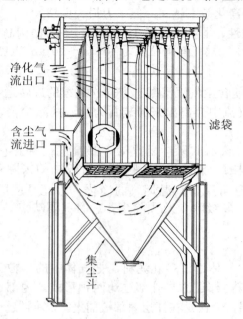

净化气流出口

含尘气流进口

滤袋

集尘斗

图 4.7　袋式除尘器示意图

用棉、毛、有机纤维、无机纤维的纱线织成滤布,用此滤布作成的滤袋是袋式除尘器中最主要的滤尘部件,滤袋形状有圆形和扁形两种,应用最多的为圆形滤袋。

袋式除尘器广泛应用于各种工业废气除尘中,它属于高效除尘器,除尘效率大于99%,对细粉尘有很强的捕集作用,对颗粒性质及气量适应性强,同时便于回收干料。袋式除尘器不适于处理含油、含水及黏结性粉尘,同时也不适于处理高温含尘气体,一般情况下被处理气体的温度应低于100℃。在处理高温烟气时需预先对烟气进行冷却降温。

3) 湿式除尘器

湿式除尘也称为洗涤除尘。该方法是用液体(一般为水)洗涤含尘气体,使尘粒与液膜、液滴或雾沫碰撞而被吸附,凝集变大,尘粒随液体排出,气体得到净化。

由于洗涤液对多种气态污染物具有吸收作用,因此它既能净化废气中的固体颗粒物,又能同时脱除废气中的气态有害物质,这是其他类型除尘器所无法做到的。某些洗涤器也可以单独充当吸收器使用。

湿式除尘器种类很多,主要有各种形式的喷淋塔、离心喷淋洗涤除尘器和文丘里式洗涤器(如图4.8所示)等。湿式除尘器结构简单、造价低、除尘效率高,在处理高温、易燃、易爆气体时安全性好,在除尘的同时还可以去除废气中的有害气体。湿式除尘器的不足是用水量大,易产生腐蚀性液体,产生的废液或泥浆需进行处理,并可能造成二次污染。在寒冷地区和寒冷季节,易结冰。

4) 静电除尘器

静电除尘是利用高压电场产生的静电力(库仑力)的作用实现固体粒子或液体粒子与气流分离的方法,如图4.9所示。

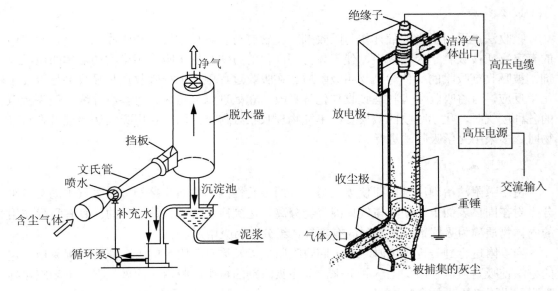

图 4.8　文丘里洗涤器示意图　　　　图 4.9　静电除尘器示意图

常用的除尘器有管式与板式两大类型，是由放电极与集尘极组成的。含尘气体进入除尘器后，通过 3 个阶段实现尘气分离。

(1) 粒子荷电。在放电极与集尘极间施以很高的直流电压时，两极间形成一不均匀电场，放电极附近电场强度很大，集尘极附近电场强度很小。在电压加到一定值时，发生电晕放电，故放电极又称为电晕极。电晕放电时，生成的大量电子及阴离子在电场作用下向集尘极迁移。在迁移过程中，中性气体分子很容易捕获这些电子或阴离子形成负气体离子，当这些带负电荷的气体离子与气流中的尘粒相撞并附着其上时，就使尘粒带上了负电荷，实现了粉尘粒子的荷电。

(2) 粒子沉降。荷电粉尘在电场中受库仑力的作用被驱往集尘极，经过一定时间到达集尘极表面，尘粒上的电荷便与集尘极上的电荷中和，尘粒放出电荷后沉积在集尘极表面。

(3) 粒子清除。集尘极表面上的粉尘沉积到一定厚度时，用机械振打等方法，使其脱离集尘极表面，沉落到灰斗中。

电除尘器是一种高效除尘器，对细微粉尘及雾状液滴捕集性能优异，除尘效率达 99% 以上，对于粒径 <0.1 μm 的粉尘粒子，仍有较高的去除效率；由于电除尘器的气流通过阻力小，又由于所消耗的电能是通过静电力直接作用于尘粒上的，因此能耗低。电除尘器处理气量大，又可应用于高温、高压的场合，因此被广泛用于工业除尘。电除尘器的主要缺点是设备庞大，占地面积大，因此一次性投资费用高。

4.3.2　有害气体净化

工业生产、交通运输和人类生活活动中所排放的有害气态物质种类繁多，依据这些物质不同的化学性质和物理性质，需要采用不同的技术方法进行治理。

以下就主要的治理方法作简要介绍。

1. 吸收法

吸收法是采用适当的液体作为吸收剂，使含有有害物质的废气与吸收剂接触，废气中的有害物质被吸收于吸收剂中，使气体得到净化的方法。用于吸收污染物的液体叫做吸收剂，被吸收剂吸收的气体污染物叫吸收质。在吸收过程中，依据吸收质与吸收剂是否发生化学反应，可将吸收分为物理吸收与化学吸收。在处理以气量大、有害组分浓度低为特点的各种废气时，化学吸收的效果要比单纯物理吸收好得多，因此在用吸收法治理气态污染物时，多采用化学吸收法进行。

2. 吸附法

使用吸附法治理废气，即使废气与大表面多孔性固体物质相接触，将废气中的有害组分吸附在固体表面上，使其与气体混合物分离，达到净化有害气体的目的。具有吸附作用的固体物质称为吸附剂，被吸附的有害气体组分称为吸附质。

当吸附进行到一定程度时，为了回收吸附质以及恢复吸附剂的吸附能力，须采用一定的方法使吸附质从吸附剂上解脱下来，称为吸附剂的再生。吸附法治理气态污染物应包括吸附及吸附剂再生的全部过程。

吸附净化法的净化效率高，特别是对低浓度气体仍具有很强的净化能力。因此，吸附法特别适用于排放标准要求严格或有害物浓度低，用其他方法达不到净化要求的气体净化，因此常作为深度净化手段或联合应用几种净化方法时的最终控制手段。吸附效率高的吸附剂如活性炭、分子筛等，价格一般都比较昂贵，因此必须对失效吸附剂进行再生，重复使用吸附剂，以降低吸附的费用。常用的再生方法有升温脱附、减压脱附、吹扫脱附等。再生的操作比较麻烦，这一点限制了吸附方法的应用。另外由于一般吸附剂的吸附容量有限，因此对高浓度废气的净化不宜采用吸附法。

3. 催化法

使用催化法净化气态污染物是利用催化剂的催化作用，使废气中的有害组分发生化学反应并转化为无害物或易于去除物质的一种方法。

催化方法净化效率较高，净化效率受废气中污染物浓度影响较小，而且在治理过程中，无需将污染物与主气流分离，可直接将主气流中的有害物转化为无害物，避免了二次污染。但所用催化剂价格比较贵，操作上要求较高，废气中的有害物质很难作为有用物质进行回收等是该法存在的缺点。

4. 燃烧法

燃烧净化法是对含有可燃有害组分的混合气体进行氧化燃烧或高温分解，从而使这些有害组分转化为无害物质的方法。燃烧法主要应用于碳氢化合物、一氧化碳、恶臭、沥青烟、黑烟等有害物质的净化治理。实用中的燃烧净化方法有 3 种，即直接燃烧、热力燃烧与催化燃烧。催化燃烧方法将在下节介绍，此处不再赘述。

直接燃烧法是把废气中的可燃有害组分当作燃料直接燃烧，因此只适用于净化含可燃组分浓度高或有害组分燃烧时热值较高的废气。直接燃烧是有火焰的燃烧，燃烧温度高($>1000℃$)，一般的窑、炉均可作为直接燃烧的设备。热力燃烧是利用辅助燃料燃烧放出的热量将混合气体加热到要求的温度，使可燃的有害物质进行高温分解变为无害物质。

热力燃烧一般用于可燃有机物含量较低的废气或燃烧热值低的废气治理。热力燃烧为无火焰燃烧，燃烧温度较低(760～820℃)，燃烧设备为热力燃烧炉，在一定条件下可用一般锅炉进行。直接燃烧与热力燃烧的最终产物均为 CO_2 和 H_2O。

燃烧法工艺比较简单，操作方便，可回收燃烧后的热量，但不能回收有用物质，并容易造成二次污染。

5. 冷凝法

冷凝法是采用降低废气温度或提高废气压力的方法，使一些易于凝结的有害气体或蒸汽态的污染物冷凝成液体并从废气中分离出来的方法。

冷凝法只适于处理高浓度的有机废气，常用作吸附、燃烧等方法净化高浓度废气的前处理，以减轻这些方法的负荷。冷凝法的设备简单，操作方便，并可回收到纯度较高的产物，因此也成为治理气态污染物的主要方法之一。

4.3.3 汽车排气净化

汽车发动机排放的废气中含有 CO、碳氢化合物、NO_x、醛、有机铅化合物、无机铅、苯并[a]芘等多种有害物。控制汽车尾气中有害物质排放浓度的方法有两种。一种方法是改进发动机的燃烧方式，使污染物的产量减少，称为机内净化；另一种方法是利用装置在发动机外部的净化设备，对排出的废气进行净化治理，这种方法称为机外净化。从发展方向上说，机内净化是解决问题的根本途径，也是今后应重点研究的方向。机外净化采用的主要方法是催化净化法。

1. 一段净化法

一段净化法又称为催化燃烧法，即利用装在汽车排气管尾部的催化燃烧装置，将汽车发动机排出的 CO 和碳氢化合物，用空气中的氧氧化成为 CO_2 和 H_2O，净化后的气体直接排入大气。显然，这种方法只能去除 CO 和碳氢化合物，对 NO_x 没有去除作用，但这种方法技术较成熟，是目前我国应用的主要方法。

2. 二段净化法

二段净化法是利用两个催化反应器或在一个反应器中装入两段性能不同的催化剂，完成净化反应。由发动机排出的废气先通过第一段催化反应器(还原反应器)，利用废气中的 CO 将 NO_x 还原为 N_2；从还原反应器排出的气体进入第二段反应器(氧化反应器)，在引入空气的作用下，将 CO 和碳氢化合物氧化为 CO_2 和 H_2O。

这种先进行还原反应后进行氧化反应的二段反应法在实践中已得到了应用。但该法的缺点是燃料消耗增加，并可能对发动机的操作性能产生影响。

3. 三元催化法

三元催化法是利用能同时完成 CO、碳氢化合物的氧化和 NO_x 还原反应的催化剂，将 3 种有害物质一起净化的方法。采用这种方法可以节省燃料、减少催化反应器的数量，是比较理想的方法。但由于需对空燃比进行严格控制以及对催化性能的高要求，因此从技术上说还不十分成熟。

复习和思考

1. 什么是大气污染？形成大气污染的条件是什么？
2. 什么是二次污染物？它们是如何产生的？
3. 比较大气污染源和大气污染物的来源有何不同。
4. 试述 4 种常用除尘器的除尘机制。
5. 试述气体污染物净化的主要方法。
6. 汽车排气污染与一般气态污染物的治理有何异同？

第5章　水体污染控制工程

5.1　概　　述

地球素有"水的星球"之称，正是由于水的存在，地球上才有生命。水是人类赖以生存和发展必不可少的物质。地球上任何一个地区，只要有人类的日常生活和生产活动存在，就需要从各种天然水体中取用大量的水，并经过或简单或复杂的工艺处理后供生活和生产使用。这些纯净的水在经过使用以后，改变了其原来的物理性质或化学成分，甚至丧失了某种使用价值，成为含有不同种类杂质的废水。废水中的污染物种类繁多，因原水使用方式的不同，或主要含有有机污染物，或主要含有无机污染物，亦或含有病原微生物等，更有可能多种污染物并存。这些废水如果未经任何处理直接排放到水环境中，就不可避免地造成水环境不同性质或不同程度的污染，从而危害人类身心健康，妨碍工农业生产，制约人类社会和经济的可持续发展。因此，人类必须寻求各种办法来处理废水和回用污水，以解决水资源短缺和水环境污染加剧的问题。

5.1.1　水体污染的定义

水体一般是河流、湖泊、沼泽、水库、地下水、海洋的总称。在环境科学领域中则把水体当作包括水中的悬浮物、溶解物质、底泥和水生生物等完整的生态系统或完整的综合自然体来看。

水体按类型可划分为海洋水体和陆地水体，其中陆地水体又包括地表水体(如河流、湖泊等)和地下水体；按区域划分是指按某一具体的被水覆盖的地段而言的，如长江、黄河、珠江。

在研究环境污染时，区分"水"与"水体"的概念十分重要。例如，重金属污染物易于从水中转移到底泥中，水中重金属的含量一般都不高，若只着眼于水，似乎未受到污染，但从水体来看，可能受到较严重的污染，因此，研究水体污染主要是研究水污染，同时也研究底质(底泥)和水生生物体污染。

所谓水体污染是指排入水体的污染物，使水体的感官性状(如色度、味、浑浊度等)、物理化学性质(如温度、电导率、氧化还原电位、放射性等)、化学成分(有机物和无机物)、水中的生物组成(种群、数量)以及底质等发生变化，从而影响水的有效利用，危害人体健康或者破坏生态环境，造成水质恶化的现象。

5.1.2　水体污染源

向水体排放或释放污染物的来源或场所称为"水体污染源"。通常是指向水体排入污染物或对水体产生有害影响的场所、设备和装置。水体污染源可分为自然污染源和人为污染源两大类。自然污染源是指自然界自发向环境排放有害物质、造成有害影响的场所，人为污染源则是指人类社会经济活动所形成的污染源。

随着人类活动范围和强度的不断扩大与增强，人类生产、生活活动已成为水体污染的主要来源。人为污染源又可分为点污染源和面污染源。

1. 点污染源

排污形式为集中在一点或一个可当作一点的小范围，最主要的点污染源有工业废水和生活污水。

工业废水是水体最重要的一个大点污染源。随着工业的迅速发展，工业废水的排放量增大，污染范围更广，排放方式更复杂，污染物种类繁多，成分更复杂，在水中不易净化，处理也比较困难。表5-1给出了一些工业废水中所含的主要污染物及废水特点。

表 5-1　一些工业废水中的主要污染物及废水特点

工业部门	废水中主要污染物	废水特点
化学工业	各种盐类、Hg、As、Cd、氰化物、苯类、酚类、醛类、醇类、油类、多环芳香烃化合物等	有机物含量高，pH 变化大，含盐量高，成分复杂，难生物降解，毒性强
石油化学工业	油类、有机物、硫化物	有机物含量高，成分复杂，水量大，毒性较强
冶金工业	酸、重金属 Cu、Pb、Zn、Hg、Cd、As 等	有机物含量高，酸性强，水量大，有放射性，有毒性
纺织印染工业	染料、酸、碱、硫化物、各种纤维素悬浮物	带色，pH 变化大，有毒性
制革工业	铬、硫化物、盐、硫酸、有机物	有机物含量高，含盐量高，水量大，有恶臭
造纸工业	碱、木质素、酸、悬浮物等	碱性强，有机物含量高，水量大，有恶臭
动力工业	冷却水的热污染、悬浮物、放射性物质	高温，酸性，悬浮物多，水量大，有放射性
食品加工工业	有机物、细菌、病毒	有机物含量高，致病菌多，水量大，有恶臭

城市生活污水是另一个大点污染源，主要来自家庭、商业、学校、旅游、服务行业及其他城市公用设施，包括粪便水、洗浴水、洗涤水和冲洗水等。生活污水中物质组成不同于工业废水，99.9%以上为水，固体物质小于 0.1%，污染物质主要是悬浮态或溶解态的有机物(如纤维素、淀粉、脂肪、蛋白质及合成洗涤剂等)、无机物(如氮、硫、磷等盐类)，其中的有机物质在厌氧细菌的作用下，易生成恶臭物质，如 H_2S、硫醇等。此外，生活污水中还含有多种致病菌、病毒和寄生虫卵等。

2. 面污染源

污染物排放一般分散在一个较大的区域范围，多为人类在地表上活动所产生的水体污染源。面污染源分布广泛，物质构成与污染途径十分复杂，如地表水径流、村中分散排放的生活污水、乡镇工业废水、含有农药化肥的农田排水、畜禽养殖废水以及水土流失等。目前，非点源对水体的污染随着对点源控制力度的加大，已逐渐成为水体水质恶化的主要原因。

5.1.3 水体中的主要污染物及其危害

污染水体的物质成分极为复杂，其种类及危害可以概括如下。

1. 悬浮物

悬浮物是指悬浮在水中的细小固体或胶体物质，主要来自水力冲灰、矿石处理、建筑、冶金、化肥、化工、纸浆和造纸、食品加工等工业废水和生活污水。

悬浮物除了使水体浑浊，从而影响水生植物的光合作用外，悬浮物的沉积还会窒息水底栖息生物，淤塞河流或湖库。此外，悬浮物中的无机和有机胶体物质较容易吸附营养物、有机毒物、重金属、农药等，形成危害更大的复合污染物。

2. 耗氧有机物

生活污水和食品、造纸、制革、印染、石化等工业废水中含有碳水化合物、蛋白质、脂肪和木质素等有机物质，这些物质以悬浮态或溶解态存在于污废水中，排入水体后能在微生物的作用下最终分解为简单的无机物，这些有机物在分解过程中需要消耗大量的氧气，使水中的溶解氧降低，因而被称为耗氧有机物。

在标准状况下，水中溶解氧约为 9 mg/L，当溶解氧降至 4 mg/L 以下时，将严重影响鱼类和水生生物的生存；当溶解氧降低到 1 mg/L 时，大部分鱼类会窒息死亡；当溶解氧降至零时，水中厌氧微生物占据优势，有机物将进行厌氧分解，产生甲烷、硫化氢、氨和硫醇等难闻、有毒气体，造成水体发黑发臭，影响城市供水及工农业生产用水和景观用水。耗氧有机物是当前全球最普遍的一种水污染物，清洁水体中耗氧有机物的含量应低于 3 mg/L，如果耗氧有机物超过 10 mg/L，则表明水体已受到严重污染。由于耗氧有机物成分复杂、种类繁多，一般常用综合指标如生化需氧量(BOD)、化学需氧量(COD)等表示。

3. 植物营养物

所谓植物营养物主要是指氮、磷及其化合物。从农作物生长的角度看，适量的氮、磷为植物生长所必需，但过多的营养物质进入天然水体，将使水体质量恶化，影响渔业的发展和危害人体健康。

过量的植物营养物质主要来自 3 个途径。

(1) 来自化肥，也是主要方面。施入农田的化肥只有一部分为农作物所吸收，以氮肥为例，在一般情况下，未被植物利用的氮肥超过 50%，有的甚至超过 80%。这样多余的、未被植物利用的氮化合物绝大部分被农田排水和地表径流携带至地下水与地表水中。

(2) 来自生活污水的粪便(氮的主要来源)和含磷洗涤剂。由于近年来大量使用含磷洗涤剂，生活污水中含磷量显著增加。例如，美国生活污水中 50%～70%的磷来自洗涤剂。

(3) 由于雨、雪对大气的淋洗和对磷灰石、硝石、鸟粪层的冲刷，一定量的植物营养物质就会汇入水体。

过量的植物营养物质排入水体，刺激水中藻类及其他浮游生物大量繁殖，导致水中溶解氧下降，水质恶化，鱼类和其他水生生物大量死亡，称为水体的富营养化。当水体出现富营养化时，大量繁殖的浮游生物往往使水面呈现红色、棕色、蓝色等颜色，这种现象发生在海域时称为"赤潮"，发生在江河湖泊则称为"水华"。水体富营养化一般都发生在池塘、湖泊、水库、河口、河湾和内海等水流缓慢、营养物容易聚积的封闭或半封闭水域。

藻类死亡后沉入水底,在厌氧条件下腐烂、分解。又将氮、磷等营养物重新释放进入水体,再供给藻类利用。这样周而复始,形成了氮、磷等植物营养物质在水体内部的物质循环,使植物营养物质长期保存在水体中。所以,缓流水体一旦出现富营养化,即使切断外界营养物质的来源,水体还是很难恢复,这是水体富营养化的重要特征。

4. 重金属

作为水污染物的重金属,主要是指汞、镉、铅、铬以及类金属砷等生物毒性显著的元素。重金属以汞的毒性最大,镉次之,铅、铬、砷也有相当的毒性,有人称之为"五毒"。采矿和冶炼是向环境水体中释放重金属的最主要污染源。

重金属污染物最主要的特性是在水体中不能被微生物降解,而只能发生各种形态之间的相互转化,以及分散和富集的过程。

从毒性和对生物体、人体的危害方面看,重金属的污染有以下几个特点。

(1) 在天然水体中只要有微量浓度即可产生毒性效应,例如,重金属汞、镉产生毒性的浓度范围在 $0.001\sim0.01\text{mg/L}$。

(2) 通过食物链发生生物放大、富集,在人体内不断积蓄造成慢性中毒。例如,日本的"骨痛病"事件就是由镉积累过多所引起的,其危害症状为关节痛、神经痛和全身骨痛,最后骨骼软化,饮食不进,在衰弱疼痛中死去。此病潜伏期很长,可达 $10\sim30$ 年。

(3) 水体中的某些重金属可在微生物的作用下转化为毒性更强的金属化合物,例如,汞的甲基化(无机汞在水环境或鱼体内通过微生物的作用转化为毒性更强的有机汞-甲基汞)。著名的日本水俣病就是由甲基汞所造成的,主要是破坏人的神经系统,其危害症状为口齿不清,步态不稳,面部痴呆,耳聋眼瞎,全身麻木,最后神经失常。

5. 难降解有机物

难降解有机物是指那些难以被自然降解的有机物,它们大多为人工合成的化学品,如有机氯化合物、有机芳香胺类化合物、有机重金属化合物以及多环有机物等。它们的特点是能在水中长期稳定地存留,并在食物链中进行生物积累,其中一部分化合物即使在十分低的含量下仍具有致癌、致畸、致突变作用,对人类的健康产生远期影响。

6. 石油类

水体中石油类污染物质主要来源于船舶排水、工业废水、海上石油开采及大气石油烃沉降。水体中油污染的危害是多方面的:含有石油类的废水排入水体后形成油膜,阻止大气对水的复氧,并妨碍水生植物的光合作用;石油类经微生物降解需要消耗氧气,造成水体缺氧;石油类黏附在鱼鳃及藻类、浮游生物上,可致其死亡;石油类还可抑制水鸟产卵和孵化。此外,石油类的组成成分中含有多种有毒物质,食用受石油类污染的鱼类等水产品,会危及人体健康。

7. 酚类和氰化物

酚是一类含苯环化合物,可分单元酚和多元酚;也可按其性质分为挥发性酚和非挥发性酚。水中酚类的主要来源是炼焦、钢铁、有机合成、化工、煤气、制药、造纸、印染以及防腐剂制造等工业排出的废水。

酚虽然易被分解,但水体中酚负荷超量时也会造成水体污染。水体内低浓度的酚影响鱼类生殖回游，仅浓度为 0.1～0.2 mg/L 时，鱼肉就有异味，食用价值降低；浓度高时可使鱼类大量死亡，甚至绝迹。人类长期饮用被酚污染的水，可引起头昏、出疹、搔痒、贫血及各种神经系统症状，甚至中毒。

氰化物分两类：一类为无机氰，如氢氰酸及其盐类如氰化钠、氰化钾等；另一类为有机氰或腈，如丙烯腈、乙腈等。氰化物在工业中应用广泛，但由于它剧毒，因而其污染问题引起了人们充分的重视。

氰化物对鱼类及其他水生生物的危害较大，水中氰化物含量折合成氰离子[CN⁻]，浓度达 0.04～0.1 mg/L 时，就能使鱼类致死。对浮游生物和甲壳类生物的氰离子最大容许浓度为 0.01 mg/L。

8. 酸碱及一般无机盐类

酸性废水主要来自矿山排水、冶金、金属加工酸洗废水和酸雨等。碱性废水主要来自碱法造纸、人造纤维、制碱、制革等一些废水。酸、碱废水彼此中和，可产生各种盐类，它们分别与地表物质反应也能生成一般无机盐类，所以酸和碱的污染，也伴随着无机盐类的污染。

酸、碱废水破坏水体的自然缓冲作用，消灭或抑制细菌及微生物的生长，妨碍水体的自净功能，腐蚀管道、船舶、桥梁及其他水上建筑。酸碱污染不仅能改变水体的 pH，而且可大大增加水中的一般无机盐类和水的硬度，对工业、农业、渔业和生活用水都会产生不良的影响。

9. 病原体

病原体主要来自生活污水和医院废水，制革、屠宰、洗毛等工业废水以及牧畜污水。病原体有病毒、病菌、寄生虫 3 类，可引起霍乱、伤寒、胃炎、肠炎、痢疾及其他多种病毒传染疾病和寄生虫病。1848 年、1854 年英国两次霍乱流行，各死亡万余人，1892 年德国汉堡霍乱流行，死亡 7500 余人，都是由水中病原体引起的。

10. 热污染

由工矿企业排放高温废水引起水体的温度升高，称为热污染。水温升高使水中溶解氧减少，同时加快了水中化学反应和生化反应的速度，改变了水生生态系统的生存条件，破坏生态系统平衡。

11. 放射性物质

放射性物质主要来自核工业部门和使用放射性物质的民用部门。放射性物质污染地表水和地下水，影响饮用水水质，并且通过食物链对人体产生内照射，使人出现头痛、头晕、食欲下降等症状，继而出现白细胞和血小板减少，超剂量地长期作用可导致肿瘤、白血病和遗传障碍等。

5.2 水体自净

进入水体的污染物通过物理、化学和微生物等方面的作用，使污染物的浓度逐渐降低，经过一段时间后将恢复到受污染前的状态，这一现象就称为水体的自净作用。水体的自净作用是有限度的。影响水体自净作用的因素很多，主要有水体的地形和水文条件、水中微生物的种类和数量、水温和水中溶解氧恢复(复氧)状况和污染物的性质和浓度等。水体自净包括下列几个过程。

5.2.1 物理过程

水体自净的物理过程是指污染物由于稀释、扩散、沉淀和混合等作用，使污染物在水中的浓度降低的过程。其中，稀释作用是一个重要的物理净化过程。

5.2.2 化学和物理化学过程

废水的化学和物理化学过程是指由于氧化、还原、分解、化合、吸附、凝聚和中和等反应而引起水体中污染物质浓度降低的过程。

5.2.3 生物化学过程

有机污染物进入水体后在微生物的氧化分解作用下，分解为无机物而使污染物质浓度降低的过程，称为生物化学过程。水体的生物自净过程需要消耗溶解氧，因此生化自净过程实际上包括了氧的消耗和氧的补充(复氧)两方面的过程。水体自净过程中物理、化学和生物净化过程是同时起作用的。认识水体的自净过程，可以对水体的自净能力和纳污能力以及水体环境质量的变化作出比较客观的评价。

图 5.1 表示有机物的生化降解过程。以某条受污染的河流为例，0 点为废水进入水体的起始点。上游未受污染的清洁河段 BOD_5 很低，DO(溶解氧)接近饱和点。废水流入水体后，废水中的有机物在微生物的作用下氧化分解，BOD_5 逐渐降低。有机物的微生物氧化分解过程要耗氧，由于大量的有机物的分解，耗氧速率大于复氧速率，DO 也随之下降，当河水流至河流下游的某一段时，DO 降至最低点。此时耗氧速率与复氧速率处于动态平衡。经过最低点后，耗氧速率因有机物浓度的降低而小于复氧速率，DO 开始回升，最后恢复到废水流入水体前的 DO 水平。

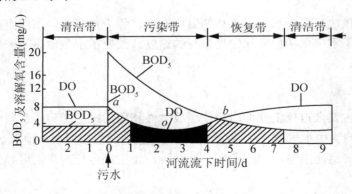

图 5.1 河流中 BOD_5 和 DO 的变化曲线图

图 5.1 中的曲线又称为"氧垂曲线"。曲线的变化反映废水排入河流后溶解氧的变化和河流的自净过程，以及最缺氧点距离受污点的位置，可作为控制河流污染的基本数据和制定治污方案的依据。

5.3 水体污染控制工程技术

5.3.1 污水处理技术概述

污水处理技术，就是采用各种方法将污水中所含有的污染物质分离出来，或将其转化为无害和稳定物质，从而使污水得以净化。

污水中所含污染物的种类多种多样，不能预期只用一种方法就可以将所有的污染物都去除干净，往往需要多种处理方法、多个处理单元有机组合，才能达到预期处理程度的要求。

废水处理一般要达到防止毒害和病菌传染的目的，避免有异臭和恶感的可见物，以满足不同用途的水质要求。

废水处理相当复杂，处理方法的选择，必须根据废水的水质和水量，以及排放到的接纳水体或水的用途来考虑，同时还要考虑水处理过程所产生的污泥、残渣的处理利用和可能产生的二次污染问题，以及絮凝剂的回收利用等。

通常对污水处理方法可作如下分类。

1. 按污水处理的程度分类

污水处理可分为一级处理、二级处理和三级处理(深度处理)。

一级处理多采用物理方法或简单的化学方法(如初步中和酸碱度)，主要是去除废水中较大的悬浮物，以保证后续处理设施正常运行并减轻污染负荷，经一级处理后，悬浮物去除率为60%～70%，需氧有机物(BOD_5)去除率为20%～40%，一级处理的处理程度低，一般达不到规定的排放要求，尚须进行二级处理，因此，一级处理多属二级处理的前处理。采用的处理设备依次为格栅、沉砂池和沉淀池。截留于沉淀池的污泥可进行污泥消化或其他处理。

二级处理的主要任务是大幅度地去除污水中呈胶体和溶解状态的有机性污染物(即BOD_5物质)，常采用生物法，去除率可达90%以上，处理后水中的BOD_5含量可降至20～30mg/L，一般污水均能达到排放标准。二级处理采用的典型设备有生物曝气池(或生物滤池)和二次沉淀池。产生的污泥经浓缩后进行厌氧消化或其他处理。但污水经二级处理后，可能会残存有微生物以及不能降解的有机物和氮、磷等无机盐类，在对出水要求更高时，在二级处理之后，还要进行三级处理。

三级处理(深度处理)往往是以污水回收、再次复用为目的而在二级处理工艺后增设的处理工艺或系统，其目的是进一步去除废水中的有机物质、无机盐及其他污染物质。污水复用的范围很广，从工业上的复用到充作饮用水，对复用水水质的要求也不尽相同，一般根据水的复用用途而组合三级处理工艺，常用的有生物脱氮法、混凝沉淀法、活性炭过滤、离子交换及反渗透和电渗析等。

污水处理流程的组合，一般应遵循先易后难、先简后繁的规律，即先去除大块垃圾及漂浮物质，然后再依次去除悬浮固体、胶体物质及溶解性物质。先使用物理法，再使用生物法、化学法及物理化学法。

对于某种污水，采取由哪几种处理方法组成的处理系统，要根据污水的水质、水量，回收其中有用物质的可能性和经济性，排放水体的具体规定，并通过调查、研究和经济比较后决定，必要时还应当进行一定的科学试验。调查研究和科学试验是确定处理流程的重要途径。

2. 按处理过程中的作用原理分类

可分为物理处理法、化学处理法、物理化学法和生物处理法。

1) 物理法

物理法是利用物理作用来分离水中的悬浮物，处理过程中只发生物理变化。常用的物理处理方法有重力分离(沉淀)法、离心分离法、过滤法、气浮(浮选)、蒸发结晶法等。该方法最大的优点是简单、易行，并且十分经济。

(1) 沉淀法。根据水和悬浮固态物质的密度不同，在沉淀装置中将悬浮固态物分离。这是污水处理的基本方法，常用的设施是沉淀池。根据功能和结构的不同，沉淀池有不同的类型，图 5.2 是竖流式沉淀池。

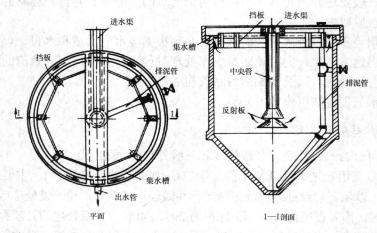

图 5.2　竖流式沉淀池

(2) 过滤法。过滤是去除悬浮物，特别是去除浓度比较低的悬浊液中微小颗粒的一种有效方法。过滤时，含悬浮物的水流过具有一定孔隙率的过滤介质，水中的悬浮物被截留在介质表面或内部而除去。通常使用的过滤装置(Filter)包括快滤池(如图 5.3 所示)和慢滤池。

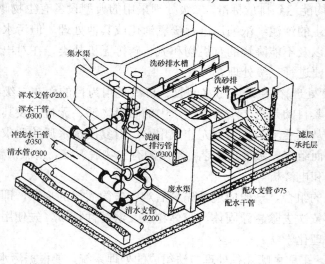

图 5.3　普通快滤池

(3) 浮力浮上法。借助于水的浮力,使水中不溶态污染物浮出水面,然后用机械加以刮除,从水中去除。根据分散相物质的亲水性强弱和密度大小,以及由此而产生的不同处理机理,浮力浮上法可分为自然浮上法、气泡浮升法和药剂浮选法3类。

如果水中的粗分散相物质是比重比1小的强疏水性物质,那么可以依靠水的浮力使其自发地浮升到水面,这就是自然浮上法。由于自然浮上法主要用于粒径大于 $50\sim60\,\mu m$ 的可浮油的分离,因而常称为隔油。如果分散相物质是乳化油或弱亲水性悬浮物,就需要在水中产生细微气泡,使分散相粒子黏附于气泡上一起浮升到水面,这就是气泡浮升法,简称气浮。如果分散相物质是强亲水性物质,就必须首先投加浮选药剂,将粒子的表面性质转变为疏水性的,然后再用气浮法加以去除,这就是药剂浮选法,简称浮选。

2) 化学法

化学法是利用化学反应的原理及方法来分离回收废水中的污染物,或是改变它们的性质,使其无害化的一种处理方法。处理过程中发生的是化学变化,处理的对象主要是废水中可溶解的无机物和难以生物降解的有机物或胶体物质。常用的化学处理方法有中和法、混凝法、化学沉淀法、氧化还原法(包括电解)等。

(1) 中和法。中和法就是使废水进行酸碱的中和反应,调节废水的酸碱度(pH),使其呈中性或接近中性或适宜于下步处理的 pH 范围。

(2) 混凝法。混凝法就是向水中加入混凝剂来破坏废水中难以用沉淀法除去的微小悬浮物和胶体粒子的稳定性,首先使这些微小粒子互相接触而聚集在一起,然后形成絮状物并下沉分离的处理方法。可用于预处理、中间处理和深度处理的各个阶段。它除了除浊、除色之外,对高分子化合物、动植物纤维物质、部分有机物质、油类物质、某些表面活性物质、农药、汞、镉、铅等重金属都有一定的清除作用,所以它在废水处理中的应用十分广泛。

混凝法的优点是设备费用低、处理效果好,操作管理简单。缺点是要不断向废水中投加混凝剂,运行费用较高。

(3) 化学沉淀法。利用某些化学物质作为沉淀剂,与水体中的可溶性污染物(主要是重金属离子)反应,生成沉淀从污水中分离出去,其工艺流程如图5.4所示。

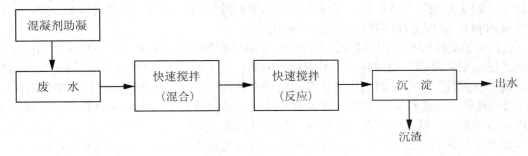

图 5.4　化学沉淀法流程示意图

根据所使用的沉淀剂和生成的难溶物质的种类,化学沉淀法可分为氢氧化物沉淀法、硫化物沉淀法和钡盐沉淀法。

例如,含汞、镉污水的处理。为使 Hg^{2+}、Cd^{2+} 的浓度达到国家规定的排放标准([Hg^{2+}]≤0.05mg/L, [Cd^{2+}]≤0.1mg/L),可采用下列方法处理。

① 加入石灰,使 OH 达到一定浓度,即有 $Hg(OH)_2$ 和 $Cd(OH)_2$ 沉淀生成。经计算可知,当 pH>9 时,有90%以上的 Hg^{2+}、Cd^{2+} 被沉淀除去,基本可达到排放标准。

② 加入过量 Na_2S,使 Hg^{2+}、Cd^{2+} 生成难溶的硫化物。由于单一的 HgS 颗粒很小、

沉淀困难，故要同时加入 $FeSO_4$，与过量的 S^{2-} 生成 FeS，它容易与 HgS 一起共沉淀从水中析出。

(4) 氧化还原法。氧化还原法是利用氧化还原反应将溶解在污水中的有毒有害物质转化为无毒无害的物质。此法常用来处理难以生物降解的有机物，如农药、染料、酚、氰化物以及有色、有臭味的污染物。常用的氧化剂有液态氯、次氯酸钠、漂白粉和空气、臭氧、过氧化氢、高锰酸钾等。

例如，含氰污水的处理。在碱性条件下(pH 为 8.5～11)、液态氯或 H_2O_2 可将氰化物氧化成氰酸盐

$$CN^- + 2OH^- + Cl_2 = CNO^- + 2Cl^- + H_2O$$

氰酸盐的毒性仅为氰化物的 1/1000。若投加过量氧化剂，可进一步将氰酸盐氧化为 CO_2 和 N_2

$$2CNO^- + 4OH^- + 3Cl_2 = 2CO_2\uparrow + N_2\uparrow + 6Cl^- + 2H_2O$$

反应要在碱性条件下进行，因为遇到酸后，氰化物会放出剧毒 HCN 气体。也可在含氰污水中加入 $FeSO_4$，使其生成无毒的 $[Fe(CN)_6]^{4-}$。

再如，含铬污水的处理。先用 H_2SO_4 使污水酸化(pH 为 3～4)，再加入质量分数为 5%～10%的 $FeSO_4$，使铬由 6 价还原为 3 价

$$6Fe^{2+} + Cr_2O_7^{2-} + 14H^+ = 6Fe^{3+} + 2Cr^{3+} + 7H_2O$$

随着反应的进行，水中的 H^+ 被大量消耗，pH 增大，到一定程度时有如下反应发生

$$Cr^{3+} + 3OH^- = Cr(OH)_3\downarrow \qquad Fe^{3+} + 3OH^- = Fe(OH)_3\downarrow$$

$Fe(OH)_3$ 具有凝聚作用，可吸附 $Cr(OH)_3$，形成沉淀与水分离。如果向含 Cr^{3+} 的污水中加入石灰，将酸度降低(pH 为 8～9)，可促使 $Cr(OH)_3$ 沉淀的生成

$$2Cr^{3+} + 3Ca(OH)_2 = 2Cr(OH)_3\downarrow + 3Ca^{2+}$$

3) 物理化学法

利用萃取、吸附、离子交换、膜分离技术、电渗析、反渗透等操作过程，处理或回收利用工业废水的方法可称为物理化学法。工业废水在应用物理化学法进行处理或回收利用之前，一般均需先经过预处理，尽量去除废水中的悬浮物、油类、有害气体等杂质，或调整废水的 pH，以便提高回收效率及减少损耗。

(1) 离子交换法是利用固相离子交换剂功能团所带的可交换离子，与废水中相同电性的离子进行交换反应，以达到离子的置换、分离、去除等目的。按照所交换离子带电的性质，离子交换反应可分为阳离子交换和阴离子交换两种类型。电镀废水处理常采用此法。

(2) 膜分离法是利用特殊的半透膜的选择性透过作用，将污水中的颗粒、分子或离子与水分离的方法，包括电渗透、反渗透、微过滤、超过滤等。膜分离技术被认为是 21 世纪最有发展前景的高新技术之一，在环保领域，膜分离技术的使用成为一种发展趋势。

4) 生物法

污水的生物处理法就是利用微生物新陈代谢功能，使污水中呈溶解和胶体状态的有机污染物被降解并转化为无害的物质，使污水得以净化。属于生物处理法的工艺，又可以根据参与作用的微生物种类和供氧情况分为两大类，即好氧生物处理和厌氧生物处理。

生物处理是城市污水处理的发展方向，石油化工、食品、轻工、纺织印染、制药等工业废水也用此法处理。高浓度有机废水厌氧处理把有机物降解为甲烷、二氧化碳等，甲烷可作工业原料和城市燃气。

(1) 好氧处理是利用好氧微生物在有氧环境下，把污水中的有机物分解为简单的无机

物。其处理方法有活性污泥法、生物膜法(生物滤池、生物转盘和生物接触氧化)。

活性污泥是一种人工培养的生物絮凝体,由好氧微生物及其吸附物组成。主要构筑物是曝气池。污水进池和活性污泥混合并连续不断供给空气,一定时间后,就能吸附、氧化、分解污水中的有机物,并以此为养料,使微生物获得能量并不断增殖。有机物在曝气池中氧化,混合液在沉淀池中沉淀,将活性污泥分离,水则得到净化。废水在曝气池中停留 3～5 小时,废水中的 BOD_5 可降低 90%左右。这是好氧处理中最主要的一种方法,如图 5.5 所示。生物滤池的基本流程与活性污泥法基本相似,分初次沉淀、生物过滤、二次沉淀等 3 个阶段。初次沉淀的作用是防止滤层堵塞,二次沉淀池的作用是分离脱落的生物膜。由于生物滤池中的生物是固着生长,不需要回流接种,因此在一般生物滤池中不设污泥回流系统,如图 5.6 所示。

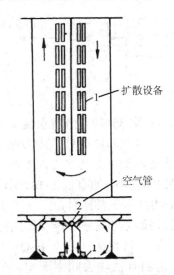

图 5.5　传统的推流式曝气池平面图

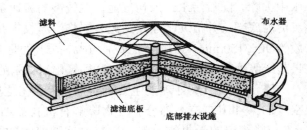

图 5.6　生物滤池图

生物接触氧化法又称为淹没式生物滤池。微生物附着于充填在生物接触氧化池的填料表面,利用曝气提供的溶解氧分解废水中的有机物。

氧化塘法是利用藻菌共生系统处理污水的一种方法。污水中存在大量的好氧菌和耐污藻类,有机物被细菌利用分解为简单的含氮、磷物质,这些物质为藻类生长繁殖提供了必要的营养,藻类则利用光合作用放出大量的氧气,供细菌生长所需。藻类和细菌这种相互依存的关系称为藻菌共生系统。氧化塘法构筑物简单,运行费用低,广泛用于中小城镇生活污水和食品、制革工业废水的处理,一般 BOD_5 可降低 80%左右。

(2) 厌氧处理利用厌氧菌在无氧条件下将有机污染物降解为甲烷、二氧化碳等。多用于有机污泥、高浓度有机工业废水等的处理。

5.3.2　城市污水处理系统的典型流程

城市污水的生化需氧量(BOD)一般在 75～300 mg/L。根据对污水的不同净化要求,城市污水处理系统可分为一级、二级和三级处理。

图 5.7 为活性污泥法二级污水处理厂的工艺流程示意图。污水进厂后,首先通过格栅除去大颗粒的漂浮或悬浮物质,防止损坏水系或堵塞管道。有时也可专门配有磨碎机,将较大的一些杂物碾成较小的颗粒,使其可以随污水一起流动,在随后的工艺中除去。

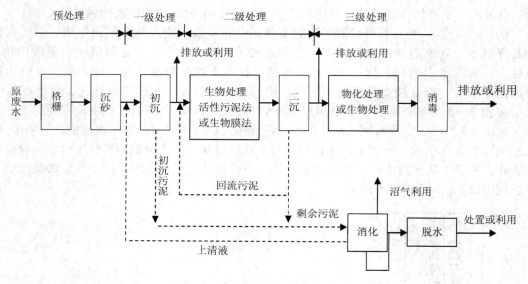

图 5.7　城市污水处理一般流程图

流水经过格栅后进入沉砂池,将大粒粗砂、细碎石块、碎屑等颗粒都分离沉淀而从废水中去除。随后污水进入初沉池,在较慢的流速条件下,使大多数悬浮固体借重力沉淀至沉淀池底部,并借助于连续刮泥装置将污泥收集并排出沉淀池。初沉池的水力停留时间一般为 90~150 min,可去除废水中 50%~65%的悬浮固体和 25%~40%的有机物(BOD$_5$)。如果是一级处理厂,污水在出水口进行氯化消毒杀死病原菌后再排入天然水体。

曝气池是二级处理的主要构筑物,污水在这里利用活件污泥在充分搅拌和不断鼓入空气的条件下,使大部分可生物降解有机物被细菌氧化分解,转化为 CO_2、H_2O、NO_3^- 等一些稳定的无机物。曝气所需时间随废水的类型和所需的有机物去除率而定,一般为 6~8 h。此后,污水进入二沉池,进行泥水分离并澄清出水,其中将部分(一般为处理废水量的 50%~100%)沉淀污泥回流至曝气池以保证曝气池中一定的污泥数量。根据季节的变化和受纳水体的环境质量及使用功能要求,对二沉池出水加氯消毒,然后排入天然水体。

初沉池收集的污泥(称为初沉污泥)和二沉池排出的剩余污泥,进入污泥浓缩池进行浓缩处理以减小污泥的体积便于其后续处理。经浓缩后的污泥在消化池中进行厌氧分解,使污泥中所含的有机体(包括残留的有机物和大量的微生物体)在无氧条件下进行厌氧发酵分解,产生沼气(以甲烷和 CO_2 为主),余留的固体残渣已非常稳定,经过脱水干燥处理后进行最终处置(作农业肥料或填埋等)。污泥消化池中排出的尾气含甲烷约 65%~70%,可用作燃料。

污水的三级处理目的是在二级处理的基础上作进一步的深度处理以去除废水中的植物营养物质(N、P)从而控制或防治受纳水体富营养化的问题,或使处理出水回用以达到节约水资源的目的。所采用的技术通常分为上述的物理法、化学法和生物处理法三大类。如曝气、吸附、混凝和沉淀、离子交换、电渗析、反渗透、氯消毒等。但所需处理费用较高,必须因地制宜,视具体情况而定。

复习和思考

1. 什么是水体和水体污染？
2. 水体中的主要污染物有哪些？
3. 什么是水体自净？
4. 按处理过程中的作用原理，污水处理技术是如何划分的？
5. 试述城市污水处理系统的典型流程。

第6章　固体废物污染控制工程

6.1　概　　述

固体废物又称固体废弃物，是指人类在生产建设、日常生活和其他活动中产生，在一定时间和地点无法利用而被丢弃的污染环境的固体、半固体物质。"废弃物"只是相对而言的概念，在某种条件下为废物，在另一条件下却可能成为宝贵的原料或另一种产品。所以废物又有"放在错误地点的原料"之称。

6.1.1　固体废物的分类及其来源

固体废物按其组成可分为有机废物和无机废物；按其形态可分为固态、半固态和液态废物；按污染特性可分为危险废物和一般废物；按来源可分为工业固体废物、矿业固体废物、农业固体废物、有害固体废物和城市垃圾。在 1995 年颁布的《中华人民共和国固体废物污染环境防治法》中，将固体废物分为：①城市固体废物或城市生活垃圾；②工业固体废物；③危险废物。

城市固体废物或城市生活垃圾是指在城市居民日常生活中或为日常生活提供服务的活动中产生的固体废物，如厨余物、废纸、废塑料、废织物、废金属、废玻璃陶瓷碎片、粪便、废旧电器等。城市居民家庭、城市商业、餐饮业、旅馆业、旅游业、服务业、市政环卫、交通运输业、文化卫生业和行政事业单位、工业企业单位以及水处理污泥等都是城市固体废物的来源。城市固体废物成分复杂多变，有机物含量高，主要成分为碳，其次是氧、氢、氮、硫。

工业固体废物是指在工业生产过程中产生的固体废物。按行业分有如下几类：①矿业固体废物：产生于采矿、选矿过程，如废石、尾矿等；②冶金工业固体废物：产生于金属冶炼过程，如高炉渣等；③能源工业固体废物：产生于燃煤发电过程，如煤矸石、炉渣等；④石油化工工业固体废物：产生于石油加工和化工生产过程；⑤轻工业固体废物：产生于轻工生产过程，如废纸、废塑料、废布头等；⑥其他工业固体废物：产生于机械加工过程，如金属碎屑、电镀污泥等。工业固体废物含固态和半固态物质。随着行业、产品、工艺、材料不同，污染物产量和成分差异很大。

危险废物是这种固体废物，由于没有进行适当的处理、储存、运输、处置等，它能引起各种疾病甚至死亡，或对人体健康造成显著威胁(美国环保局，1976)。危险废物通常具有急性毒性、易燃性、反应性、腐蚀性、浸出毒性、放射性和疾病传播性。危险废物来源于工、农、商、医各部门乃至家庭生活。工业企业是危险固体废物的主要来源之一，集中于化学原料及化学品制造业、采掘业、黑色和有色金属冶炼及其压延加工业、石油工业及炼焦业、造纸及其制品业等工业部门，其中一半危险废物来自化学工业。医疗垃圾带有致病病原体，也是危险废物的来源之一。此外，城市生活垃圾中的废电池、废日光灯管和某些日化用品也属于危险废物。

6.1.2 固体废物的特性

1. 资源和废物的相对性

固体废物是在一定时间和地点被丢弃的物质,是放错地方的资源,因此固体废物的"废"具有明显的时间和空间特征。从时间角度看,固体废物仅仅是相对于目前的科技水平和经济条件限制,暂时无法利用,随着时间的推移、科技水平的提高、经济的发展以及资源与人类需求矛盾的日益凸现,今日的废物必然会成为明日的资源。从空间角度看,废物仅仅是相对于某一过程或某一方面没有价值,但并非所有过程和所有方面都无价值,某一过程的废物可能成为另一过程的原料,例如,煤矸石发电、高炉渣生产水泥、电镀污泥回收贵金属等。"资源"和"废物"的相对性是固体废物最主要的特征。

2. 成分的多样性和复杂性

固体废物成分复杂、种类繁多、大小各异,既有有机物也有无机物,既有非金属也有金属,既有有气味的也有无气味的,既有无毒物又有有毒物,既有单质又有合金,既有单一物质又有聚合物,既有边角气料又有设备配件。

3. 富集终态和污染源头的双重作用

固体废物往往是许多污染成分的终极状态。例如,一些有害气体或飘尘,通过治理最终富集成为固体废物;一些有害溶质和悬浮物,通过治理最终被分离出来成为污泥或残渣;一些含重金属的可燃固体废物,通过焚烧处理,有害金属浓集于灰烬中。但是,这些"终态"物质中的有害成分,在长期的自然因素作用下,又会转入大气、水体和土壤,故又成为大气、水体和土壤环境的污染"源头"。

4. 危害具有潜在性、长期性和灾难性

固体废物对环境的污染不同于废水、废气和噪声。固体废物呆滞性大、扩散性小,它对环境的影响主要是通过水、气和土壤进行的。其中污染成分的迁移转化,如浸出液在土壤中的迁移,是一个比较缓慢的过程,其危害可能在数年以至数十年后才能发现。从某种意义上讲,固体废物,特别是有害废物对环境造成的危害可能要比水、气造成的危害严重得多。

6.2 固体废物的环境问题

6.2.1 产生量与日剧增

伴随工业化和城市化进程的加快,经济不断增长,生产规模不断扩大,以及人们的需求不断提高,固体废物产生量也在不断增加,资源的消耗和浪费越来越严重。下面以我国为例进行说明。

1. 工业固体废物

20 世纪 80 年代以来,我国工业固体废物产生量的增长速度相当快。1981 年全国工业固体废物产生量为 3.77×10^8 t,到 1995 年增至 6.45×10^8 t。1995 年固体废物的产生系数平均为 2.36 t/万元。

我国工业固体废物的构成比例相对稳定。其中属于具有易燃性、易爆性、化学反应性、

腐蚀性、急性毒性、慢性毒性、生态毒性、传染性等的有害废物约占工业固体废物产生量的 5%~10%，主要类别为冶炼渣(50%)、化学及化工废物(38%)、原液及母液(10%)，还有少量的废油漆、涂料、废油和废溶剂等。

2. 城市生活垃圾

随着城市数量增多、规模扩大和人口增加，我国城市垃圾的产生量增长迅速，如图 6.1 所示。自 1979 年以来，我国的城市垃圾平均以每年 8.98% 的速度增长，由 1980 年的 $3132×10^4$ t 猛增至 1995 年的 $10748×10^4$ t，增加了 243.2%。1989 年我国生活垃圾的总清运量为 $6291×10^4$ t，到 1996 年已达 $10825×10^4$ t，增长了 72.1%。

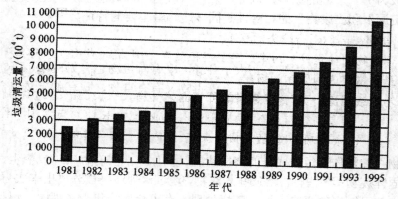

图 6.1　中国城市垃圾产生量变化情况

城市垃圾在产量迅速增加的同时，成分也发生了很大的变化，具体表现为有机物增加、可燃物增多和可利用价值增大。特别是随着生活水平的提高和观念意识的变化，以及包装工业的发展，一次性商品广泛应用于宾馆和餐饮行业，商品的过度包装问题日趋严重。垃圾中的金属、玻璃、纸类，特别是塑料等物质大部分是包装材料。这不仅增加了垃圾产生量，同时也是资源的极大浪费。

大量的和快速增长的城市垃圾，需要加以及时清运和妥善处置，给管理和处理带来了巨大的压力，也加重了城市环境污染。如何妥善解决城市垃圾，已是我国面临的一个重要的城市管理问题和环境问题。

3. 有害废物

我国有害废物产生量在 1995 年达 $2691.81×10^4$ t，一般占固体废物产生量的 0.24%~6.33%。有害废物名录中的 47 类废物在我国均有产生，其中碱溶液或固态碱等 5 种废物的产生量已占到有害废物总产生量的 57.75%。

6.2.2　占用大量土地资源

固体废物的任意露天堆放，占用了大量的土地。据估算，每堆积 $1×10^4$ t 的渣约需占地 $666.6m^2$。据统计，一些国家固体废物侵占土地为：美国 $200×10^8 m^2$，苏联 $10×10^8 m^2$，英国 $60×10^8 m^2$，波兰 $50×10^8 m^2$。到 1994 年为止，我国仅工矿业废渣、煤矸石、尾矿堆累积量就达 66 亿多吨，占地 $6×10^8 m^2$。1998 年，我国垃圾侵占土地面积已超过 $5×10^8 m^2$，全国已有 200 多座城市出现垃圾围城现象。随着生产的发展和消费的增长，垃圾占地的矛盾会日益尖锐。

6.2.3 固体废物对环境的危害

1. 固体废物污染途径

固体废物不是环境介质，但往往以多种污染成分存在的终态而长期存在于环境中。在一定条件下，固体废物会发生化学的、物理的或生物的转化，对周围环境造成一定的影响。如果处理、处置不当，污染成分就会通过水、气、土壤、食物链等途径污染环境，危害人体健康。通常，工业、矿业等废物所含的化学成分会形成化学物质型污染，其途径如图 6.2 所示。人畜粪便和有机垃圾是各种病原微生物的孳生地和繁殖场，形成病原体型污染，其污染途径如图 6.3 所示。

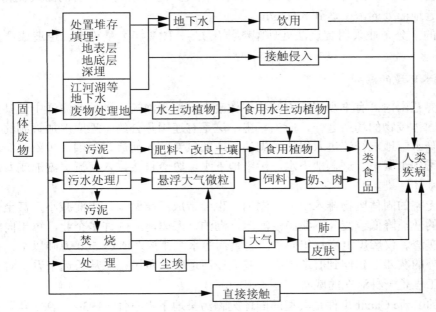

图 6.2　固体废物中化学物质致人疾病的途径

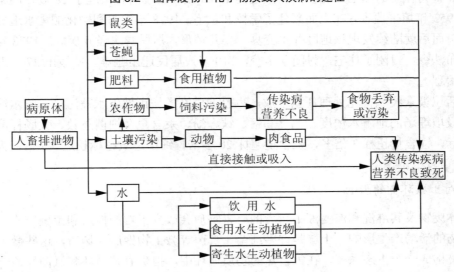

图 6.3　环境中病原体向人类传播疾病的途径

2. 对大气环境的影响

固体废物中的细微颗粒等可随风飞扬，从而对大气环境造成污染。据研究表明，当发生 4 级以上的风力时，在粉煤灰或尾矿堆表层的粉末将出现剥离，其飘扬的高度可达 20～50 m，并使平均视程降低 30%～70%，而且堆积的废物中某些物质的分解和化学反应，可以不同程度地产生废气或恶臭，造成地区性空气污染。例如，煤矸石自燃会散发出大量的 SO_2、CO_2、NH_3 等气体，造成严重的大气污染。辽宁、山东、江苏 3 省的 112 座矸石堆中，自燃起火的有 42 座。美国有 3/4 的垃圾堆散发臭气而污染了大气环境。

采用焚烧法处理固体废物，已成为有些国家大气污染的主要污染源之一，据报道，美国固体废物焚烧炉，约有 2/3 由于缺乏空气净化装置而污染大气，有的露天焚烧炉排出的粉尘在接近地面处的浓度达到 0.56 g/m^3。

我国的部分企业采用焚烧法处理塑料排出 Cl_2、HCl 和大量粉尘，也造成严重的大气污染。

3. 对水环境的影响

在世界范围内，有不少国家直接将固体废物倾倒于河流、湖泊或海洋中，甚至以后者当成处置固体废物的场所之一，应当指出，这是有违国际公约、理应严加管制的。固体废物随天然降水或地表径流进入河流、湖泊，或随风飘落入河流、湖泊，污染地面水，并随渗滤液渗透到土壤中，进入地下水，污染地下水，废渣直接排入河流、湖泊或海洋，能造成更大的水体污染。

即使无害的固体废物排入河流、湖泊，也会造成河床淤塞，水面减小，甚至导致水利工程设施的效益降低或废弃。我国沿河流、湖泊、海岸建立的许多企业，每年向附近水域排放大量灰渣。仅燃煤电厂每年向长江、黄河等水系排放灰渣达 500 万吨以上，有的电厂的排污口外的灰滩已延伸到航道中心，灰渣在河道中大量淤积，从长远来看，对其下游的大型水利工程是一种潜在的威胁。

美国的 Love Canal 事件是典型的固体废物污染地下水事件。1930—1935 年，美国胡克化学工业公司在纽约州尼亚加拉瀑布附近的 Love Canal 废河谷填埋了 2800 多吨桶装有害废物，1953 年填平覆土，在上面兴建了学校和住宅。1978 年大雨和融化的雪水造成有害废物外溢，而后就陆续发现该地区井水变臭，婴儿畸形，居民身患怪异疾病。1978 年，美国总统颁布法令，封闭了住宅，封闭了学校，710 多户居民迁出避难，并拨出 2700 万美元进行补救治理。

生活垃圾未经无害化处理任意堆放，也已造成许多城市地下水被污染。哈尔滨市韩家洼子垃圾填埋场的地下水浓度、色度和锰、铁、酚、汞含量及细菌总数、大肠杆菌数等都大大超标，锰含量超标 3 倍多，汞含量超标 20 多倍，细菌总数超标超过 4.3 倍，大肠杆菌超标 11 倍以上。

4. 对土壤环境的影响

固体废物及其淋洗和渗滤液中所含的有害物质会改变土壤的性质和土壤结构，并对土壤微生物的活动产生影响。土壤是许多细菌、真菌等微生物聚居的场所，这些微生物与其周围环境构成一个生态系统，在大自然的物质循环中，担负着碳循环和氮循环的一部分重要任务。工业固体废物特别是有害固体废物，经过风化、雨雪淋溶、地表径流的侵蚀，有些高温和有毒液体渗入土壤，能杀害土壤中的微生物，破坏土壤的腐解能力，甚至导致草木不生。这些有害成分的存在还会在植物有机体内积蓄，通过食物链危及人体健康。

5. 影响安全和环境卫生及景观

城市垃圾无序堆放时，会因厌氧分解产生大量甲烷气体，有关专家指出，1 m^3 的垃圾可以产生 50 m^3 的沼气，当沼气含量为 5%～15%时，就会发生爆炸，危及周围居民的安全。1994 年 8 月，湖南岳阳两个 $2 \times 10^4 \text{ m}^3$ 的垃圾堆发生爆炸，将 $1.5 \times 10^4 \text{ t}$ 的垃圾抛向高空，摧毁了 40 m 外的一座泵房和两旁的污水大坝。这类严重的事件在许多地方都曾有发生。城市的生活垃圾、粪便等由于清运不及时，会产生堆存现象，使蚊蝇滋生，对人们居住环境的卫生状况造成严重影响，对人们的健康也构成潜在的威胁。垃圾堆存在于城市的一些死角，对市容和景观会产生"视觉污染"，给人们的视觉带来了不良刺激。这不仅直接破坏了城市、风景点等的整体美感，而且损害了我们国家和国民的形象。

随着经济的迅速发展，特别是众多的新化学产品不断投入市场，无疑还会给环境带来更加严重的负担，也将给固体废物污染控制提出更多的课题。

6.2.4 化学工业有害废物对人类和环境的危害

大部分化学工业固体废物属有害废物，表 6-1 为几种化学工业有害废物的组成及对人体与环境的危害。这些废物中的有害有毒物质浓度高，如果得不到有效的处理，会对人体和环境造成很大影响。根据物质的化学特性，当某些物质相混时，可能发生不良反应，包括热反应(燃烧或爆炸)、产生有毒气体(砷化氢、氰化氢、氯气等)和可燃性气体(氢气、乙炔等)。若人体皮肤与废强酸或废强碱接触，将产生烧灼性腐蚀，若误吸入体内，能引起急性中毒，出现呕吐、头晕等症状。

表 6-1　几种化学工业有害废物的组成及危害

废物名称	主要污染物含量	对人体和环境的危害
铬渣	Cr^{6+}，0.3%～2.9%	对人体消化道和皮肤具有强烈的刺激和腐蚀作用，对呼吸道造成损害，有致癌作用；对水体中的动物和植物有致死作用，其蓄积在鱼类组织中影响食物链；影响小麦、玉米等农作物生长
氰渣	CN^-，1%～4%	引起头痛、头晕、心悸、甲状腺肿大；急性中毒时呼吸衰竭致死，对人体、鱼类危害很大
含汞盐泥	Hg，0.2%～0.3%	无机汞对消化道黏膜有强烈的腐蚀作用，吸入较高浓度的汞蒸汽可引起急性中毒和神经功能障碍。烷基汞在人体内能长期滞留，甲基汞会引起水俣病；汞对鸟类、水生脊椎动物会产生有害作用
无机盐废渣	Zn^{2+}，7%～25% Pb^{2+}，0.3%～2% Cd^{2+}，100～500 mg/kg As^{3+}，40～400 mg/kg	铅、镉对人体神经系统、造血系统、消化系统、肝、肾、骨骼等都会引起中毒伤害；含砷化合物有致癌作用，锌盐对皮肤和黏膜有刺激腐蚀作用
蒸馏釜液	苯、苯酚、腈类、硝基苯、芳香胺类、有机磷农药等	对人体中枢神经、肝、肾、胃、皮肤等造成障碍与损害。芳香胺类和亚硝胺类有致癌作用，对水生生物和鱼类等也有致毒作用
酸、碱渣	各种无机酸碱，10%～30%含有大量金属离子和盐类	对人体皮肤、眼睛和黏膜有强烈的刺激作用，导致皮肤和内部器官损伤和腐蚀，对水生生物、鱼类有严重的有害影响

20 世纪 30～70 年代，国内外不乏因工业固体废物处置不当而祸及居民的公害事件。如含 Cd 固体废物排入土壤引起日本富山县骨痛病事件，美国纽约州拉夫运河河谷土壤污染事件，以及我国发生在 50 年代的锦州 Cd 渣露天堆积污染井水事件等。不难看出，这些公害事件已给人类带来了灾难性后果。尽管近 10 多年来，严重的污染事件发生较少，但固体废物污染环境对人类健康将会造成的潜在危害和影响是难以估量的。

到目前为止，我国大部分有害废物是在较低水平下得到处置的，其对环境的污染日益严重，引起的纠纷也因此逐渐增多。例如，我国一家铁合金厂的铬渣堆场，由于缺乏防渗措施，Cr^{6+}污染了多于 $20 \times 10^3 \ km^2$ 的地下水，致使 7 个自然村的 1800 多眼水井无法饮用；某锡矿山的含砷废渣长期堆放，随雨水渗透，污染水井，曾一次造成 308 人中毒，6 人死亡。据不完全统计，每年由于有害废物引起的污染纠纷造成的污染赔款超过 2000 万元。

6.3 固体废物污染控制工程技术

对固体废物污染的控制，关键在于解决好废物的处理、处置和综合利用问题。首先，需要从污染源头开始，改进或采用更新的清洁生产工艺，尽量少排或不排废物，这是控制固体废物污染的根本措施；其次是对固体废物开展综合利用，使其资源化；其三是对固体废物进行处理与处置，使其无害化。

6.3.1 固体废物减量化对策与措施

1. 城市固体废物

控制城市固体废物产生量增长的对策和具体措施如下。

1) 逐步改变燃料结构

我国城市垃圾中大约有 40%～50%左右是煤灰。如果改变居民的燃料结构，较大幅度提高民用燃气的使用比例，则可大幅度降低垃圾中的煤灰含量，减少生活垃圾总量。

2) 净菜进城、减少垃圾产生量

目前我国的蔬菜基本未进行简单处理即进入居民家中，其中有大量泥沙及不能食用的附着物。据估计，蔬菜中丢弃的垃圾平均占蔬菜重量的 40% 左右，且体积庞大。如果在一级批发市场和产地对蔬菜进行简单处理，净菜进城，即可大大城少城市垃圾中的有机废物量，并有利于利用蔬菜下脚料沤成有机肥料。

3) 避免过度包装和减少一次性商品的使用

城市垃圾中一次性商品废物和包装废物日益增多，既增加了垃圾产生量，又造成了资源浪费。为了减少包装废物产生量，促进其回收利用，世界上许多国家都颁布了包装法规或者条例。强调包装废物的产生者有义务回收包装废物，而包装废物的生产者、进口者和销售者必须"对产品的整个生命周期负责"，承担包装废物的分类回收、再生利用和无害化处理处置的义务，负担其中发生的费用。促使包装制品的生产者和进口者以及销售者在产品的设计、制造环节少用材料，减少废物产生量，少使用塑料包装物，多使用易于回收利用和无害化处理处置的材料。

4) 加强产品的生态设计

产品的生态设计(又称为产品的绿色设计)是清洁生产的主要途径之一,即在产品设计中纳入环境准则,并置于优先考虑的地位。环境准则包括降低物料消耗,降低能耗,减少健康安全风险,产品可被生物降解。为满足上述环境准则,可通过如下方法实现。

(1) 采用"小而精"的设计思想。采用轻质材料,去除多余功能。这样的产品不仅可以减少资源消耗,而且可以减少产品报废后的垃圾量。

(2) 提倡"简而美"的设计原则。减少所用原材料的种类,采用单一的材料。这样产品废弃后作为垃圾分类时简便易行。

5) 推行垃圾分类收集

城市垃圾收集方式分为混合收集和分类收集两大类。混合收集通常指对不同产生源的垃圾不作任何处理或管理的简单收集方式。无论从生态环境和资源利用的角度看,还是从技术经济角度看,混合收集都是不可取的。按垃圾的组分进行垃圾分类收集,不仅有利于废品回收与资源利用,还可大幅度减少垃圾处理量。在分类收集过程中通常可把垃圾分为易腐物、可回收物、不可回收物几大类。其中可回收物又可按纸、塑料、玻璃、金属等几类分别回收。日本从 20 世纪 70 年代中期开始,就已将垃圾分为可燃、不可燃和大件三大类,成功地进行了分类收集和处理,现在则有很多城市将垃圾分为 7 类进行收集。美国、德国、加拿大、意大利、丹麦、芬兰、瑞士、法国、法国、挪威等国都大规模地开展了垃圾分类收集活动,取得了明显的成效。例如,荷兰实行垃圾分类收集后,使清运的垃圾量减少了 35%。

6) 搞好产品回收和循环利用

报废的产品包括大批量的日常消费品,以及耐用消费品如小汽车、电视机、冰箱、洗衣机、空调、地毯等。随着计算机技术的飞速发展,计算机更新换代的速度非常快,废弃计算机设备的数目惊人,美国已经有 7000 万台旧计算机被束之高阁。据估计,世界各地扔掉的废旧软盘累加在一起,每隔 21 s 就可以形成一座 110 层的"摩天大厦"。对这些废品进行再利用是减少城市固体废物产生量的重要途径。

2. 工业固体废物

我国工业规模大、工艺落后,因而固体废物产生量过大。提高我国工业生产水平和管理水平,全面推行无废、少废工艺和清洁生产,减少废物产生量是固体废物污染控制最有效的途径之一。这包括以下几个方面。

1) 淘汰落后生产工艺

1996 年 8 月,国务院发布的《国务院关于环境保护若干问题的决定》(国发[1996]31 号)中明确规定取缔、关闭或停产 15 种污染严重的企业(简称"15 小")。这对保护环境、削减固体废物的排放,特别是削减有毒有害废物的产生意义重大。在这"15 小"中,均不同程度地产生大量有害废物,对环境造成很大危害。根据推算,1996 年全国有害废物产生量为 2600×110^4 t,如果全部取缔、关停"15 小",全国每年可以减少有害废物产生量约 75.4×10^4 t。

2) 推广清洁生产工艺

推广和实施清洁生产工艺对削减有害废物的产生量有重要意义。利用清洁"绿色"的生产方式代替污染严重的生产方式和工艺,既可节约资源,又可少排或不排废物,减轻环境污染。

例如，传统的苯胺生产工艺是采用铁粉还原法，其生产过程产生大量含硝基苯、苯胺的铁泥和废水，选成环境污染和巨大的资源浪费。南京化工厂开发的流化床气相加氢、制苯胺工艺，便不再产生铁泥废渣，固体废物产生量由原来每吨产品 2500 kg 减少到每吨产品 5 kg，还大大降低了能耗。

工业生产中的原料品位低、质量差，也是造成工业固体废物大量产生的主要原因。只有采用精料工艺，才能减少废物的排放量和所含污染物质的成分。例如，一些选矿技术落后、缺乏烧结能力的中小型炼铁厂，渣铁比相当高。如果在选矿过程中提高矿石品位，便可少加造渣熔剂和焦炭，并大大降低高炉渣的产生量。一些工业先进的国家采用精料炼铁，高炉渣产生量可减少一半以上。

3) 发展物质循环利用工艺

在企业生产过程中，发展物质循环利用工艺，使第一种产品的废物成为第二种产品的原料，并用第二种产品的废物再生产第三种产品，如此循环和回收利用，最后只剩下少量废物进入环境，以取得经济的、环境的和社会的综合效益。

6.3.2 固体废物资源化与综合利用

1. 固体废物的资源化途径

固体废物的资源化有以下 3 种途径。

1) 物质回收

例如从废弃物中回收纸张、玻璃、金属等物质。

2) 物质转换

即利用废弃物制取新形态的物质。例如，利用废玻璃和废橡胶生产铺路材料，利用炉渣生产水泥和其他建筑材料，利用有机垃圾生产堆肥等。

3) 能量转换

即从废物处理过程中回收能量，包括热能或电能。例如，通过有机废物的焚烧处理回收热量，进一步发电；利用垃圾厌氧消化产生沼气，作为能源向居民和企业供热或发电。

2. 废物资源化技术

1) 物理处理技术

物理处理是通过浓缩或相应变化改变固体废物的结构，使之成为便于运输、储存、利用或处置的形态。物理处理方法包括压实、破碎、分选、增稠、吸附、萃取等。物理处理也往往作为回收固体废物中有价物质的重要手段。

(1) 破碎。破碎的目的是把固体废物破碎成小块或粉状小颗粒，以利于分选有用或有害的物质。固体废物的破碎方式有机械破碎和物理破碎两种。机械破碎是借助于各种破碎机械对固体废物进行破碎。物理法破碎有低温冷冻破碎和超声波破碎。低温冷冻破碎是利用一些固体废物在低温(−60~−120℃)条件下脆化的性质而达到破碎的目的，可用于废塑料及其制品、废橡胶及其制品、废电线(塑料或橡胶被覆)等的破碎。

(2) 筛分。筛分是利用筛子将粒度范围较宽的混合物料按粒度大小分成若干不同级别的过程。

(3) 粉磨。粉磨在固体废物处理和利用中占有重要的地位。粉磨一般有 3 个目的：①对物料进行最后一段粉碎，使其中的各种成分都分离，为下一步分选创造条件；②对各种废物原料进行粉磨，并把它们混合均匀；③制造废物粉末，增加物料比表面积，为缩短物料化学反应时间创造条件。

(4) 压缩。对固体废物压缩处理的目的一是减少其容积，便于装卸和运输；二是制取高密度惰性块料，便于储存、填埋或作为建筑材料。

(5) 分选。常用的固体废物分选方法有：①重力分选(简称重选)；②浮选；③磁力分选(简称磁选)；④电场分选；⑤拣选；⑥摩擦和弹道分选。

2) 化学处理技术

采用化学方法使固体废物发生化学转换从而回收物质和能源，是固体废物资源化处理的有效技术。煅烧、焙烧、烧结、溶剂浸出、热分解、焚烧等都属于化学处理技术。

(1) 煅烧。煅烧是在适宜的高温条件下，脱除物质中二氧化碳和结合水的过程。在煅烧过程中会发生脱水、分解和化合等物理化学变化。例如，碳酸钙渣经煅烧再生石灰。

(2) 焙烧。焙烧是在适宜条件下将物料加热到一定的温度(低于其熔点)，使其发生物理化学变化的过程，根据焙烧过程中的主要化学反应和焙烧后的物理状态，可分为烧结焙烧、磁化焙烧、氧化焙烧、中温氯化焙烧、高温氯化焙烧等。

(3) 烧结。烧结是将粉末或粒状物质加热到低于主成分熔点的某一温度，使颗粒黏结成块或球团，提高致密度和机械强度的过程。为了更好地烧结，一般需在物料中配入一定量的熔剂。例如，石灰石、纯碱等。

(4) 溶剂浸出法。使固体物料中的一种或几种有用金属溶解于液体溶剂中，以便从溶液中提取有用金属。这种化学过程称为溶剂浸出法。按浸出剂的不同，浸出方法可分为水浸、酸浸、碱浸、盐浸和氰化浸等。溶剂浸出法在固体废物回收利用有用元素中应用很广泛，如用盐酸浸出固体废物中的铬、铜、镍、锰等金属，从煤矸石中浸出结晶三氯化铝、二氧化钛等。

(5) 热分解(或热裂解)。热分解是利用热能切断大分子量的有机物，使之转变为含碳量更少的低分子量物质的工艺过程。应用热分解处理有机固体废物是热分解技术的新领域。通过热分解可在一定温度条件下从有机废物中直接回收燃料油、气等。适于采用热分解的有机废物有废塑料(含氯者除外)、废橡胶、废轮胎、废油、油泥、废有机污泥等。

(6) 焚烧。有关内容将在 6.3.3 中介绍。

3) 生物处理技术

生物处理法可分为好氧生物处理法和厌氧生物处理法。好氧处理法是在水中有充分溶解氧存在的情况下，利用好氧微生物的活动，将固体废物中的有机物分解为二氧化碳、水、氨和硝酸盐。厌氧生物处理法是在缺氧的情况下，利用厌氧微生物的活动，将固体废物中的有机物分解为甲烷、二氧化碳、硫化氢、氨和水。生物处理法具有效率高、运行费用低等优点，固体废物处理及资源化中常用的生物处理技术有以下几种。

(1) 沼气发酵。沼气发酵是有机物质在隔绝空气和保持一定的水分、温度、酸和碱度等条件下，利用微生物分解有机物的过程。经过微生物的分解作用可产生沼气。沼气是一种混合气体，主要成分是甲烷(CH_4)和二氧化碳(CO_2)。其中甲烷占 60%～70%，二氧化碳占 30%～40%，还有少量氢、一氧化碳、硫化氢、氧和氮等气体。城市有机垃圾、污水处理厂的污泥、农村的人畜粪便、作物秸秆等皆可作为产生沼气的原料。为了使沼气发酵持续进行，必须提供和保持沼气发酵中各种微生物所需的条件。沼气发酵一般在隔绝氧的密闭沼气池内进行。

(2) 堆肥。堆肥是将人畜粪便、垃圾、青草、农作物的秸秆等堆积起来，利用微生物的作用，将堆料中的有机物分解，产生高热，以达到杀灭寄生虫卵和病原菌的目的。堆肥分为普通堆肥和高温堆肥，前者主要是厌氧分解过程，后者则主要是好氧分解过程。堆肥的全程一般约需一个月。为了加速堆肥和确保处理效果，必须控制以下几个因素：①堆内必须有足够的微生物；②必须有足够的有机物，使微生物得以繁殖；③保持堆内适当的水分和酸碱度；④适当通风，供给氧气；⑤用草泥封盖堆肥，以保温和防蝇。

(3) 细菌冶金。细菌冶金是利用某些微生物的生物催化作用，使矿石或固体废物中的金属溶解出来，从溶液中提取所需要的金属。它与普通的"采矿-选矿-火法冶炼"比较，具有如下几个特点：①设备简单，操作方便；②特别适宜处理废矿、尾矿和炉渣；③可综合浸出，分别回收多种金属。

3. 资源化技术在固体废物处理中的应用

1) 城市垃圾

图 6.4 所示是城市垃圾资源化总体示意图，它包括收集运输系统、资源化系统和最终处置系统三大部分。

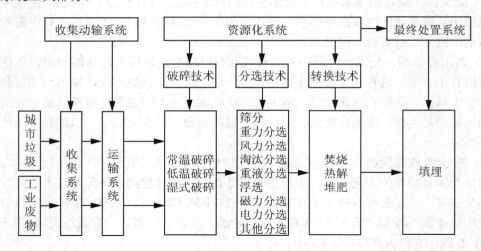

图 6.4　城市垃圾资源化总体示意图

城市垃圾资源化系统可分为两个过程。前一个过程是不改变物质的化学性质，直接利用和回收资源。通过破碎、分选等物理的和机械的作业，回收原形废物直接利用或从原形废料中分选出有用的单体物质。后一个过程则是通过化学的、生物的、生物化学的方法回收物质和能量。只有根据城市垃圾数量、组成成分和废物的物理化学特性，正确地选择各种处理单元操作技术，才能组成经济而有效的资源化系统。

2) 工业固体废物资源化

工业固体废物资源化的途径很多，归纳起来有下述 5 个方面。

(1) 提取各种金属。把最有价值的各种金属提取出来，是固体废物资源化的重要途径。在重金属冶炼渣中，往往可提取金、银、钴、锑、硒、锑、钯、铂等，有的含量甚至可达到或超过工业矿床的品位，从这些矿渣中回收的稀有贵重金属的价值甚至超过主金属的价值。在综合利用这些固体废物时，应首先提取这些稀有贵重金属和其他有价值金属，然后再进行一般利用。

(2) 生产建筑材料。利用工业固体废物生产建筑材料，一般不会产生二次污染问题，是消除污染、使大量工业固体废物资源化的主要方法之一。

(3) 生产农肥。利用固体废物生产或代替农肥有着广阔的前景。许多工业固体废物含有较高的硅、钙以及各种微量元素，有些固体废物还含有磷，可作为农业肥料使用。例如，粉煤灰、高炉渣、钢渣和铁合金渣等可作为硅钙肥直接施用于农田。不但可提供农作物所需要的营养元素，而且有改良土壤的作用。而钢渣中含磷较高时，可作为生产钙镁磷肥的原料。但是，在使用工业固体废物作为农肥时，必须严格检验这些固体废物是否有毒。应严格禁止将有毒固体废物用于农业生产上。

(4) 回收能源。很多工业固体废物热值高，可以回收利用。常用方法有焚烧法、热解法等热处理法以及甲烷发酵法和水解法等低温方法。例如，粉煤灰中含碳量达 10% 以上(甚至 30% 以上)，可以回收后加以利用；煤矸石发热量为(0.8～8) MJ/kg，可利用煤矸石发展坑口电站。

(5) 取代某种工业原料。工业固体废物经过一定的加工处理可取代某种工业原料，以节省资源。例如，以煤矸石代替焦炭生产磷肥，不仅能降低磷肥的生产成本，还可提高磷肥的质量；电石渣或合金冶炼中的硅钙渣，含有大量的氧化钙成分，可以代替石灰，直接用于工业和民用建筑中或作为硅酸盐建筑制品的原料；赤泥和粉煤灰经加工后可作为塑料制品的填充剂。

6.3.3 固体废物的无害化处理

1. 焚烧处理

焚烧法是一种高温热处理技术，即以一定量的过剩空气与被处理的废物在焚烧炉内进行氧化燃烧反应，废物中的有害毒物在高温下氧化、热解而被破坏。这种处理方式可使废物完全氧化成无毒害物质。焚烧技术是一种可同时实现废物无害化、减量化、资源化的处理技术。

1) 可焚烧处理废物类型

焚烧法可处理城市垃圾、一般工业废物和有害废物，但当处理可燃有机物组分很少的废物时，需补加大量的燃料。

一般来说，发热量小于 3300 kJ/kg 的垃圾属低发热量垃圾，不适宜焚烧处理；发热量介于 3300～5000 kJ/kg 的垃圾为中发热量垃圾，适宜焚烧处理；发热量大于 5000 kJ/kg 的垃圾属高发热量垃圾，适宜焚烧处理并回收其热能。

2) 废物焚烧炉

固体废物焚烧炉种类繁多。通常根据所处理废物对环境和人体健康的危害大小，以及所要求的处理程度，将焚烧炉分为城市垃圾焚烧炉、一般工业废物焚烧炉和有害废物焚烧炉 3 种类型。但从其机械结构和燃烧方式上，固体废物焚烧炉主要有炉排型焚烧炉、炉床型焚烧炉和沸腾流化床焚烧炉 3 种类型。

3) 焚烧处理技术指标

废物在焚烧过程中会产生一系列新的污染物，有可能造成二次污染。对焚烧设施排放的大气污染物的控制项目大致包括 4 个方面。

(1) 有害气体：包括 SO_2、HCl、HF、CO 和 NO_x。

(2) 烟尘：常将颗粒物、黑度、总碳量作为控制指标。

(3) 重金属元素单质或其化合物：如Hg、Cd、Pb、Ni、Cr、AS等。

(4) 有机污染物：如二恶英，包括多氯代二苯并对二恶英(PCDDs)和多氯代二苯并呋喃(PCDFs)。

以美国法律为例，有害废物焚烧的法定处理效果标准为：①废物中所含的主要有机有害成分的去除率为 99.99%以上；②排气中粉尘含量不得超过 180 mg/m^3(以标准状态下干燥排气为基准，同时排气流量必须调整至 50%过剩空气百分比条件下)；③氯化氢去除率达99%或排放量低于 1.8 kg/h，以两者中数值较高者为基准；④多氯联苯的去除率为 99.9999%，同时燃烧效率超过 99.9%。

2. 固体废物的处置技术

固体废物经过减量化和资源化处理后，剩余下来的、无再利用价值的残渣，往往富集了大量不同种类的污染物质，对生态环境和人体健康具有即时和长期的影响，必须妥善加以处置。安全、可靠地处置这些固体废物残渣，是固体废物全过程管理中最重要的环节。

1) 固体废物处置原则

虽然与废水和废气相比，固体废物中的污染物质具有一定的惰性，但是在长期的陆地处置过程中，由于本身固有的特性和外界条件的变化，必然会因在固体废物中发生的一系列相互关联的物理、化学和生物反应，而导致对环境的污染。

固体废物的最终安全处置原则大体上可归纳为以下几项。

(1) 区别对待、分类处置、严格管制有害废物。固体物质种类繁多，其危害环境的方式、处置要求及所要求的安全处置年限均各有不同。因此，应根据不同废物的危害程度与特性，区别对待、分类管理，对具有特别严重危害的有害废物采取更为严格的特殊控制。这样，既能有效地控制主要污染危害，又能降低处置费用。

(2) 最大限度地将有害废物与生物圈相隔离。固体废物，特别是有害废物和放射性废物最终处置的基本原则是合理地、最大限度地使其与自然和人类环境隔离，减少有毒有害物质进入环境的速率和总量，将其在长期处置过程中对环境的影响减至最小程度。

(3) 集中处置。对有害废物实行集中处置，不仅可以节约人力、物力、财力，利于监督管理，也是有效控制乃至消除有害废物污染危害的重要形式和主要的技术手段。

2) 固体废物陆地处置的基本方法

固体废物海洋处置现已被国际公约禁止，陆地处置至今是世界各国常用的一种废物处置方法。陆地处置方法可分为土地耕作、永久储存(贮留地储存)和土地填埋 3 种类型，其中应用最多的是土地填埋处置技术。

土地填埋处置是从传统的堆放和填地处置发展起来的一项最终处置技术，不是单纯的堆、填、埋，而是一种按照工程理论和土工标准，对固体废物进行有控管理的一种综合性科学工程方法。在填埋操作处置方式上，它已从堆、填、覆盖向包容、屏蔽隔离的工程储存方向上发展。土地填埋处置，首先需要进行科学的选址，在设计规划的基础上对场地进行防护(如防渗)处理，然后按严格的操作程序进行填埋操作和封场，要制定全面的管理制度，定期对场地进行维护和监测。

土地填埋处置具有工艺简单、成本较低、适于处置多种类型固体废物的优点。目前，土地填埋处置已成为固体废物最终处置的一种主要方法。土地填埋处置的主要问题是渗滤液的收集控制问题。

(1) 土地填埋处置的分类。土地填埋处置的种类很多,采用的名称也不尽相同。按填埋场地形特征可分为山间填埋、峡谷填埋、平地填埋、废矿坑填埋;按填埋场地水文气象条件可分为干式填埋、湿式填埋和干、湿混合式填埋;按填埋场的状态可分为厌氧性填埋、好氧性填埋、准好氧性填埋和保管型填埋;按固体废物污染防治法规,可分为一般固体废物填埋和工业固体废物填埋。在日本,工业固体废物填埋又分为遮断型、管理型和安定型3种。

(2) 填埋场的基本构造。填埋场构造与地形地貌、水文地质条件、填埋废物类别有关。按照填埋废物的类别和填埋场污染防治设计原理,填埋场构造有衰减型填埋场和封闭型填埋场之分。通常,用于处置城市垃圾的卫生填埋场属衰减型填埋场或半封闭型填埋场,而处置有害废物的安全填埋场属全封闭型填埋场。

① 自然衰减型填埋场。自然衰减型土地填埋场的基本设计思路,是允许部分渗滤液由填埋场基部渗透,利用下伏包气带土层和含水层的自净功能来降低渗滤液中污染物的浓度,使其达到能接受的水平。图 6.5 展示了一个理想的自然衰减型土地填埋场的地质横截面。填埋底部的包气带为黏土层,黏土层之下是含砂潜水层,而在含砂水层下为基岩。包气带土层和潜水层应较厚。

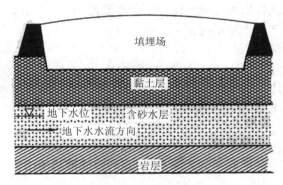

图 6.5 理想的自然衰减型土地填埋场土层分层结构

② 全封闭型填埋场。全封闭型填埋场的设计是将废物和渗滤液与环境隔绝开,将废物安全保存相当一段时间(数十年甚至上百年)。这类填埋场通常利用地层结构的低渗透性或工程密封系统来减少渗滤液产生量和通过底部的渗透泄漏渗入蓄水层的渗滤液量,将对地下水的污染降低到最低限度,并对所收集的渗滤液进行妥善处理处置,认真执行封场及善后管理,从而达到使处置的废物与环境隔绝的目的。图 6.6 所示为全封闭型填埋场剖面图。

③ 半封闭型填埋场。这种类型的填埋场实际上介于自然衰减型填埋场和全封闭型填埋场之间。半封闭型填埋场的顶部密封系统一般要求不高,而底部一般设置单密封系统,并在密封衬层上设置渗滤液收集系统。大气降水仍会部分进入填埋场,而渗滤液也可能会部分泄漏进入下包气带和地下含水层,特别是只采用黏土衬层时更是如此。但是,由于大部分渗滤液可被收集排出,通过填埋场底部渗入下包气带和地下含水层的渗滤液量显著减少。

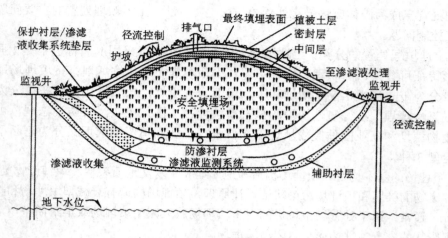

图 6.6 全封闭型安全填埋场剖面图

填埋场封闭后的管理工作十分必要，主要包括以下几项。

(1) 维护最终覆盖层的完整性和有效性。进行必要的维修，以消除沉降和凹陷以及其他因素的影响。

(2) 维护和监测检漏系统。

(3) 继续运行渗滤液收集和去除系统，直到渗滤液检不出为止。

(4) 维护和检测地下水监测系统。

(5) 维护任何测量基准。

填埋场的善后将延续到封场以后若干年。这是一个随机性的时间期限，可以根据填埋场封闭后的污染物迁移技术资料作适当的延长或减短。妥善封闭的填埋场能用于一般的使用目的，例如，用作停车场或开放场地等。

复习和思考

1. 什么是固体废物？它是如何分类的？
2. 固体废物有哪些基本特性？
3. 固体废物引起的主要环境问题是什么？
4. 试述固体废物减量化的对策与措施。
5. 举例说明固体废物是如何进行资源化与综合利用的。
6. 试述固体废物无害化最终处置的方法。

第7章 噪声和其他物理污染与控制技术

7.1 噪声污染与控制技术

7.1.1 噪声及其特征和分类

1. 声音与噪声

声音是物体的振动以波的形式在弹性介质中进行传播的一种物理现象。人们平常所指的声音一般是通过空气传播作用于耳鼓而被感觉到的声音。人类生活在声音的环境中，并且借助声音进行信息的传递，交流思想感情。

尽管人类的生活环境中不能没有声音，但是也有一些声音是不需要的，如睡眠时的吵闹声。从广义上来讲，凡是人们不需要的，使人厌烦并干扰人的正常生活、工作和休息的声音统称为噪声。例如，音乐演播厅里，某个人正沉醉于优美的琴声中，周围的几个人却窃窃私语，对他而言这样的私语显然是噪声。噪声不仅取决于声音的物理性质，而且还与人的生活状态有关。即使听到同样的声音，有些人感到很喜欢，愿意听，有些人却感到厌恶。总之，确定一种声音是否是噪声与人的主观感觉是有关系的。

我国制定的《中华人民共和国环境噪声污染防治法》中把超过国家规定的环境噪声排放标准，并干扰他人正常生活、工作和学习的现象称为环境噪声污染。声音的分贝是声压级单位，记为 dB，用于表示声音的大小。

2. 噪声的主要特征

(1) 噪声是一种感觉性污染，在空气中传播时不会在周围环境里留下有毒有害的化学污染物质。对噪声的判断与个人所处的环境和主观愿望有关。

(2) 噪声源的分布广泛而分散，但是由于传播过程中会发生能量的衰减，因此噪声污染的影响范围是有限的。

(3) 噪声产生的污染没有后效作用。一旦噪声源停止发声，噪声便会消失，转化为空气分子无规则运动的热能。

3. 噪声源及其分类

声音是由于物体振动而产生的，所以把振动的固体、液体和气体统称为声源。

声音能通过固体、液体和气体介质向外界传播，并且被感受目标所接受。人耳则是人体的声音感受器官，所以在声学中把声源、介质、接受器称为声音的三要素。

产生噪声的声源很多，若按产生机理来划分，有机械噪声、空气动力性噪声和电磁性噪声三大类。

如果把噪声源再按其随时间的变化来划分，又可分成稳态噪声和非稳态噪声两大类。非稳态噪声中又有瞬态的、周期性起伏的、脉冲的和无规则的噪声之分。

环境噪声来源，按污染源种类可分为工厂噪声、交通噪声、施工噪声和社会生活噪声。

工厂噪声、施工噪声和社会生活噪声的传播影响范围通常呈面状；交通噪声的传播影响范围通常沿着道路呈线状。工厂噪声中，工厂设备噪声源可按特性大致分为点声源、线声源和面声源 3 种类型。

7.1.2 噪声污染的危害

随着工业生产、交通运输、城市建筑的发展，以及人口密度的增加、家庭设施(音响、空调、电视机等)的增多，环境噪声日益严重，它已成为污染人类社会环境的一大公害。噪声具有局部性、暂时性和多发性的特点。噪声不仅会影响听力，而且还对人的心血管系统、神经系统、内分泌系统产生不利影响，所以有人称噪声为"致人死命的慢性毒药"。噪声给人带来生理上和心理上的危害主要有以下几方面。

1. 影响人们的工作和生活

(1) 干扰休息和睡眠。休息和睡眠是人们消除疲劳、恢复体力和维持健康的必要条件。但噪声使人不得安宁，难以休息和入睡。当人辗转不能入睡时，便会心态紧张，呼吸急促，脉搏跳动加快，大脑兴奋不止，第二天就会感到疲倦，或四肢无力。从而影响到工作和学习，久而久之，就会得神经衰弱症，表现为失眠、耳鸣、疲劳。人进入睡眠之后，即使是40～50 分贝较轻的噪声干扰，也会从熟睡状态变成半熟睡状态。人在熟睡状态时，大脑活动是缓慢而有规律的，能够得到充分的休息；而半熟睡状态时，大脑仍处于紧张、活跃的阶段，这就会使人得不到充分的休息和体力的恢复。

(2) 影响交谈和思考，使工作效率降低。噪声妨碍人们之间的交谈、通信是常见的。因为人们思考也是语言思维活动，其受噪声干扰的影响与交谈是一致的。试验研究表明噪声干扰交谈，其结果见表 7-1。此外，研究发现，噪声超过 85dB 时，会使人感到心烦意乱，人们会感觉到吵闹，因而无法专心地工作，结果会导致工作效率降低。

表 7-1 噪声对交谈的影响

噪声/dB	主观反映	保证正常讲话距离/m	通信质量
45	安静	10	很好
55	稍吵	3.5	好
65	吵	1.2	较困难
75	很吵	0.3	困难
85	太吵	0.1	不可能

2. 损伤听觉、视觉器官

人们都有这样的经验，从飞机里下来或从锻压车间出来，耳朵总是嗡嗡作响，甚至听不清对方说话的声音，过一会儿才会恢复。这种现象称为听觉疲劳，是人体听觉器官对外界环境的一种保护性反应。如果人长时间遭受强烈噪声作用，听力就会减弱，进而导致听觉器官的器质性损伤，造成听力的下降。

(1) 强的噪声可以引起耳部的不适，如耳鸣、耳痛、听力损伤。据测定，超过 115dB 的噪声还会造成耳聋。据临床医学统计，若在 80dB 以上的噪声环境中生活，造成耳聋者可达 50%。噪声性耳聋有两个特点，一是除了高强噪声外，一般噪声性耳聋都需要一个持续的累积过程，发病率与持续作业时间有关，这也是人们对噪声污染忽视的原因之一。二是噪声性耳聋是不能治愈的，因此，有人把噪声污染比喻成慢性毒药。耳聋发病率的统计结果见表7-2。从表7-2可以看出在80 dB以下工作不致耳聋，80 dB以上，每增加5 dB，噪声性发病率增加10%。

表7-2　工作40年后噪声性耳聋发病率(%)

噪声/dB	国际统计(ISO)	美国统计
80	0	0
85	10	8
90	21	18
95	29	28
100	41	40

医学专家研究认为，家庭噪声是造成儿童聋哑的病因之一。噪声对儿童身心健康的危害更大。因儿童发育尚未成熟，各组织器官十分娇嫩和脆弱，不论是体内的胎儿还是刚出世的孩子，噪声均可损伤听觉器官，使听力减退或丧失。据统计，当今世界上有7000多万耳聋者，其中相当部分由噪声所致。专家研究已经证明，家庭室内噪声是造成儿童聋哑的主要原因，若在85dB以上噪声中生活，耳聋者可达5%。

(2) 噪声对视力的损害。人们只知道噪声影响听力，其实噪声还影响视力。试验表明：当噪声强度达到90dB时，人的视觉细胞敏感性下降，识别弱光反应时间延长；噪声达到95dB时，有40%的人瞳孔放大，视觉模糊；而噪声达到115dB时，多数人的眼球对光亮度的适应都有不同程度的减弱。所以长时间处于噪声环境中的人很容易发生眼疲劳、眼痛、眼花和视物流泪等眼损伤现象。同时，噪声还会使色觉、视野发生异常。调查发现噪声对红、蓝、白3色视野缩小80%。

3. 对人体的生理影响

噪声是一种恶性刺激波，长期作用于人的中枢神经系统，可使大脑皮层的兴奋和抑制失调，条件反射异常，出现头晕、头痛、耳鸣、多梦、失眠、心慌、记忆力减退、注意力不集中等症状，严重者可产生精神错乱。这种症状，药物治疗疗效很差，但当脱离噪声环境时，症状就会明显好转。噪声可引起植物神经系统功能紊乱，表现在血压升高或降低，心率改变，心脏病加剧。噪声会使人唾液、胃液分泌减少，胃酸降低，胃蠕动减弱，食欲不振，引起胃溃疡。噪声对人的内分泌机能也会产生影响，如导致女性性机能紊乱、月经失调、流产率增加等。噪声对儿童的智力发育也有不利影响，据调查，3岁前儿童生活在75dB的噪声环境里，他们的心脑功能发育都会受到不同程度的损害，在噪声环境下生活的儿童，智力发育水平要比安静条件下的儿童低20%。噪声对人的心理影响主要是使人烦恼、激动、易怒，甚至失去理智。此外，噪声还对动物、建筑物有损害，在噪声下的植物也生长不好，有的甚至会死亡。

(1) 损害心血管。噪声是心血管疾病的危险因子，噪声会加速心脏衰老，增加心肌梗塞发病率。医学专家经人体和动物实验证明，长期接触噪声可使体内肾上腺分泌增加，从而使血压上升，在平均70dB的噪声中长期生活的人，其心肌梗塞发病率增加30%左右，特别是夜间噪声会使发病率更高。调查发现，生活在高速公路旁的居民，心肌梗塞率增加了30%左右。调查1101名纺织女工，高血压发病率为7.2%，其中接触强度达100dB噪声者，高血压发病率达15.2%。

(2) 对女性生理机能的损害。女性受噪声的威胁，还可以有月经不调、流产及早产等，如导致女性性机能紊乱、月经失调、流产率增加等。专家们曾在哈尔滨、北京和长春等 7 个地区经过为期 3 年的系统调查，结果发现噪声不仅能使女工患噪声性耳聋，且对女工的月经和生育均有不良影响。另外可导致孕妇流产、早产，甚至可致畸胎。国外曾针对某个地区的孕妇普遍发生流产和早产问题作了调查，结果发现她们居住在一个飞机场的周围，祸首正是那飞起降落的飞机所产生的巨大噪声。

(3) 噪声还可以引起神经系统功能紊乱、精神障碍、内分泌紊乱甚至事故率升高。高噪声的工作环境，可使人出现头晕、头痛、失眠、多梦、全身乏力、记忆力减退以及恐惧、易怒、自卑甚至精神错乱。在日本，曾有过因为受不了火车噪声的刺激而精神错乱，最后自杀的例子。

7.1.3 噪声污染控制技术

1. 噪声控制基本途径

为了防止噪声，我国著名声学家马大猷教授曾总结和研究了国内外现有各类噪声的危害和标准，提出了 3 条建议。

(1) 为了保护人们的听力和身体健康，噪声的允许值在 75～90dB。

(2) 保障交谈和通信联络，环境噪声的允许值在 45～60dB。

(3) 对于睡眠时间的噪声允许值建议在 35～50dB。

2. 噪声控制技术

我国心理学界认为，控制噪声环境，除了考虑人的因素之外，还须兼顾经济和技术上的可行性。充分的噪声控制，必须考虑噪声源、传音途径、受音者所组成的整个系统。控制噪声的措施可以针对上述 3 个部分或其中任何一个部分。因此，噪声的控制应采取综合措施，首先是缩小和消灭噪声源，其次是在噪声传播途径中减弱其强度，阻断噪声传播，而后采取个人防护。噪音控制的内容包括以下几方面。

1) 严格行政管理

依靠政府有关部门颁布法令和规定来控制噪声。例如，限制高噪声车辆的行使区域；在学校医院及办公机关等附近禁止车辆鸣笛；限制飞机起飞或降落的路线，使之远离居民区；颁布噪声限制标准，要求工厂或高噪声车间采取减噪措施；对各类机器、设备包括飞机或机动车辆等定出噪声指标。

2) 合理规划布局

合理地布局各种不同功能区的位置。其基本原则是让居民区、学校、办公机关、疗养院和医院这些要求低噪声的地点，尽量免受交通噪声、工业噪声和商业区噪声的干扰。为此，上述地区应与街道隔开一定距离，中间布置林带以隔声、滤声和吸声；此外，长途汽车站要紧靠火车站，以避免下火车的旅客往返于市内；工厂和噪声大的企业应搬离市区；居民区、学校、办公机关、医院等也应远离商业区。

3) 采取噪声控制技术

控制噪声常用的技术有吸声、隔声、消声、隔振、阻尼、耳塞、耳罩等。

(1) 吸声。吸声主要是利用吸声材料或吸收结构来吸收声能。室内空间如厂房、剧场内的噪声比同一声源在空旷的露天要高，这是因为室内的壁面会使声源发出的声音来回反射。吸声材料大多是用多孔的材料制成的，如玻璃棉、矿渣棉、泡沫塑料、毛毡、吸声砖、木丝板和甘蔗板等。当声波通过它们时，可压缩孔中的空气，使得孔中的空气与孔壁产生摩擦，由于摩擦损失而使声能吸收变为热能。

(2) 隔声。在许多情况下，可以把发声的物体或需要安静的场所封闭在一个小的空间中，使它与周围环境隔绝，这种方法叫隔声。典型的隔声措施是隔声罩、隔声室、隔声屏。

隔声罩由隔声材料、阻尼涂料和吸声层构成。隔声材料可用 1~3 mm 的钢板，也可以用较硬的木板。钢板上需要涂上一定厚度的阻尼层，防止钢板产生共振。吸声层可用玻璃棉或泡沫塑料。

隔声室要采取隔声结构，并强调密封。例如，在高噪声车间(空压机站、柴油机试车车间、鼓风机旁)需要一个比较安静的环境供职工谈话、打电话或休息，常采用建立隔声室的方法。

隔声屏主要用在大车间或露天场合下隔离声源与人集中的地方。如在居民稠密的公路、铁路两侧设置隔声堤、隔声墙等。在大型车间设置活动隔声屏可以有效地降低机器的高中频噪声。

(3) 消声。消声是利用消声器来降低噪声在空气中的传播强度。通常用气流噪声控制技术控制的噪声有风机声、通风管噪声、排气噪声等。

消声器主要包括阻性消声器、抗性消声器、阻抗复合性消声器。

阻性消声器是在管壁内贴上吸声材料的衬里，使声波在管中传播时被逐渐吸收。它的优点是能在较宽的中高频范围内消声，特别是对刺耳的高频噪声有显著的消声作用。缺点是不耐高温和气体侵蚀，消声频带窄，对低频消声效果差。

抗性消声器是根据声学滤波原理设计出来的。利用消声器内声阻、声频、声质量的适当组合，可以显著地消除某些频段的噪声。如汽车、摩托车、内燃机的消声器就是抗性消声器。它的优点是具有良好的低中频噪声消声功能，结构简单、耐高温、耐气体侵蚀。缺点是消声频带窄，对高频声波消声效果差。

阻抗复合性消声器消声量大，消声频率范围宽，因此得到了广泛的应用。

(4) 个人防护。对个人的防护主要采取限制工作时间和戴防护装置，常用的个人防护装置有防声棉(蜡浸棉花)、耳塞、耳罩、帽盔等。

7.2　电磁辐射污染与控制技术

人类探索电磁辐射的利用始于 1831 年英国科学家法拉第发现电磁感应想象。如今，电磁辐射的利用已经深入到人类生产、生活的各个方面，无线电广播、电视、无线通信、卫星通信、无线电导航、雷达、手机、家庭计算机与因特网使人们能得知地球各个角落发生的新闻要事，使人类的活动空间得以充分延伸，超越了国家、乃至地球的界限；微波加热与干燥、短波与微波治疗、高压、超高压输电网、变电站、电热毯、微波炉使人们享受着生活的便捷。然而这一切却使地球上各式各样的电磁波充斥了人类生活的空间。不同波长和频率的电磁波无色无味、看不见、摸不着、穿透力强，令人防不胜防，它悄悄地侵蚀着人类的躯体，影响着人类的健康，引发了各种社会文明病。电磁污染已成为当今危害人类健康的致病源之一。

7.2.1 电磁辐射污染源及其危害

1. 电磁辐射污染的来源

电磁辐射按其产生方式可分为天然和人工两种。

1) 天然源

天然的电磁污染中最常见的是雷电，除了可能对电器设备、飞机、建筑物等直接造成危害外，会在广大地区从几千赫到几百兆赫以上的极宽频率范围内产生严重的电磁干扰。火山爆发、地震和太阳黑子活动引起的磁暴等都会产生电磁干扰。天然的电磁污染对短波通信的干扰特别严重。

2) 人为源

人为的电磁污染主要有以下 3 个方面。

(1) 脉冲放电。切断大电流电路进而产生的火花放电，其瞬时电流变化率很大，会产生很强的电磁干扰。它在本质上与雷电相同，只是影响区域较小。

(2) 高频交变电磁场。在大功率电机、变压器以及输电线等附近的电磁场，它并不以电磁波的形式向外辐射，但在近场区会产生严重电磁干扰。如高频感应加热设备(如高频淬火、高频焊接、高频熔炼等)、高频介质加热设备(如塑料热合机、高频干燥处理机，介质加热联动机等)等。

(3) 射频电磁辐射。无线电广播、电视、微波通信等各种射频设备的辐射，频率范围宽广，影响区域也较大，能危害近场区的工作人员。目前，射频电磁辐射已经成为电磁污染环境的主要因素。

2. 电磁辐射的危害

电磁辐射可能造成的危害有以下 3 个方面。

1) 电磁辐射对人体的危害

电磁辐射无色无味无形，可以穿透人体。各种家用电器、电子设备、办公自动化设备、移动通信设备等电器装置只要处于操作使用状态，它的周围就会存在电磁辐射。高强度的电磁辐射以热效应和非热效应两种方式作用于人体，能使人体组织温度升高，导致身体发生机能性障碍和功能紊乱，严重时造成植物神经功能紊乱，表现为心跳、血压和血象等方面的失调，还会损伤眼睛导致白内障。此外，长期处于高电磁辐射的环境中，人体血液、淋巴液核细胞的原生质会发生改变，人体的循环系统、免疫、生殖和代谢功能将会受损，严重的还会诱发癌症。

2) 电磁辐射对机械设备的危害

电磁辐射对电气设备、飞机和建筑物等可能造成直接破坏。当飞机在空中飞行时，如果通信和导航系统受到电磁干扰，就会同基地失去联系，可能造成飞机事故；当舰船上使用的通信、导航或遇险呼救信号的频率受到电磁干扰时，就会影响航海安全；有的电磁波还会对有线电设施产生干扰而引起铁路信号的失误动作、交通指挥灯的失控、电子计算机的差错和自动化工厂操作的失灵，甚至还可能使民航系统的警报被拉响而发出警报；在纵横交错、蛛网密布的高压线网、电视发射台、转播台等附近的家庭，电视机会被严重干扰。

3) 电磁辐射对安全的危害

电磁辐射会引燃引爆，特别是高场强作用下引起火花导致可燃性油类、气体和武器弹药的燃烧与爆炸事故。

7.2.2 电磁辐射污染治理技术

电磁辐射污染的控制方法主要包括控制源头的屏蔽技术、控制传播途径的吸收技术和保护受体的个人防护技术。

1. 屏蔽技术

为了防止电磁辐射对周围环境造成影响，必须将电磁辐射的强度降低到容许的程度，屏蔽是最常用的有效技术。屏蔽分为两类：一是将污染源屏蔽起来，称为主动场屏蔽；另一种称为被动场屏蔽，就是将指定的空间范围、设备或人屏蔽起来，使其不受周围电磁辐射的干扰。

目前，电磁屏蔽多采用金属板或金属网等导电性材料，做成封闭式的壳体将电磁辐射源罩起来或把人罩起来。

2. 吸收技术

采用吸收电磁辐射能量的材料进行防护是降低微波辐射的一项有效的措施。能吸收电磁辐射能量的材料有很多种，如加入铁粉、石墨、木材和水等材料，以及各种塑料、橡胶、胶木、陶瓷等。

3. 区域控制及绿化

对工业集中的城市，特别是电子工业集中的城市或电气、电子设备密集使用的地区，可以将电磁辐射源相对集中在某一区域，使其远离一般工作区或居民区，并对这样的区域设置安全隔离带，从而在较大的区域范围内控制电磁辐射的危害。

区域控制大体分为 4 类。

(1) 自然干净区。在这样的区域内要求基本上不设置任何电磁设备。

(2) 轻度污染区。只允许存在某些小功率设备。

(3) 广播辐射区。指电台、电视台附近区域，因其辐射较强，一般应设置在郊区。

(4) 工业干扰区。属于不严格控制辐射强度的区域，对这样的区域要设置安全隔离带，厂房、住宅等不得建在隔离带内，隔离带内要采取绿化措施。由于绿色植物对电磁辐射能具有较好的吸收作用，因此，加强绿化是防治电磁污染的有效措施之一。依据上述区域的划分标准，合理进行城市、工业等的布局，可以减少电磁辐射对环境的污染。

4. 个人防护

个人防护的对象是个体的微波作业人员，当工作需要操作人员必须进入微波辐射源的近场区作业时，或因某些原因不能对辐射源采取有效的屏蔽、吸收等措施时，必须采取个人防护措施，以保证作业人员的安全。个人防护措施主要有穿防护服、带防护头盔和防护眼镜等。这些个人防护装备同样也是应用了屏蔽、吸收等原理，用相应材料制成的。

7.3 放射性污染与控制技术

放射性是指某些元素自发放射射线的固有性质，它是宇宙中极为普遍的现象。在人类生存的地球上，放射性也是无所不在的，但是直到 19 世纪末 20 世纪初，科学的发展才使人们对放射性有了认识和了解。1895 年伦琴发现 X 射线，这是人类首次发现放射性现象。1896 年，法国物理学家贝可勒耳发现放射性，并证实其不因一般物理、化学影响发生变化，由此获得 1903 年的诺贝尔物理学奖。1898 年居里夫人发现放射性镭元素，极大地推动了放射性研究。而爱因斯坦相对论中重要的质能方程($E=mc^2$)为高能粒子研究提供了理论基础，使人类利用核能成为可能。但是，原子核就像一个危险的潘多拉魔盒，当人类解释它的秘密之后，魔鬼似乎已形影不离。首先，原子弹的爆炸会造成数十万乃至数百万人的伤亡和他们后代的缺陷，广岛和长崎的原子灾难是日本也是世界人民的噩梦。大规模的核试验改变了大气、水体和土壤中的放射性背景值，使很多地区寸草不生，许多海域变成毫无生机的死海。核能的和平利用虽然给人类带来了解救能源危机的希望，但也使人类担负了很高的安全风险，人们不能忘记切尔诺贝利核电站泄漏事故造成的灾难，也无法不使人联想到生物变异可能形成的巨大怪物——哥斯拉。而核电站产生的永久性核废料正日益增加，无论是掩埋还是弃置深海，都会造成明日之灾难。

产生放射性的原子核反应过程主要包括衰变、裂变和聚变，其中衰变和裂变是地球上最常见的放射性源，是指原子核放射出高能射线(粒子)，转变或分裂成其他一个或多个新元素原子核的过程。核聚变主要是指在极高温度和压力下，由轻核聚合成重核，同时放射出高能射线(粒子)的过程，它是大多数恒星发光、发热的源泉。原子核的衰变、裂变和聚变过程放射出的射线主要有 α、β、γ 和 X 射线 4 种。

α 射线是高速运动的 α 粒子，α 粒子实际上是带两个正电荷、质量为 4 的氦核。α 粒子从原子核发射出来的速度在 $1.4\times10^{11}\sim2.0\times10^{11}$ cm/s 之间。虽然由于质量太重而导致自身在室温时，在空气中的行程不超过 10 cm，用普通一张纸就能够挡住，但它具有极强的电离作用。

β 射线是高速运动的 β 粒子，β 粒子实际上是带负电的电子，其运动速度是光速的 30%～90%，通常可在空气中飞行上百米，用几毫米的铝片屏蔽就可以挡住 β 射线，其电离能比 α 射线弱得多。

γ 射线实际就是光子，速度与光速相同，它与 X 射线相似，但波长较短，因此其穿透能力较强，需要几厘米厚的铅或 1m 厚的混凝土才能屏蔽，但其电离能力较弱。

X 射线也称"伦琴射线"，其波长介于紫外线和 γ 射线之间，具有可见光的一般特性，如直线传播、反射、折射、散射和绕射等，速度也与光速相同，但能量一般为千 MeV(百万电子伏)至百万 MeV，比几个 MeV 的可见光能量高得多，X 射线与 γ 射线的基本作用或效应无本质的区别。

7.3.1 放射性污染源

环境中的放射性污染具有天然和人工两个来源。

1. 天然放射性污染的来源

环境中天然放射性污染的主要来源有宇宙射线和地球固有元素的放射性。人和生物在其漫长的进化过程中经受并适应了来自天然存在的各种电离辐射，只要天然辐射剂量不超过这个本底，就不会对人类和生物体构成危害。

2. 人工放射性污染的来源

放射污染的人工污染源主要来自以下4个方面。

1) 核爆炸的沉淀物

在大气层进行核试验时，爆炸高温体放射性核素变为气态物质，伴随着爆炸产生的大量赤热气体，蒸汽携带着弹壳碎片、地面物升上天空。在上升过程中，随着与空气的不断混合、温度的逐渐降低，气态物即凝聚成粒或附着在其他尘粒上，并随着蘑菇状烟云扩散，最后这些颗粒都要回落到地面。沉降下来的颗粒带有放射性，称为放射性沉淀物(或沉降灰)。这些放射性沉降物除落到爆炸区附近外，还可随风扩散到广泛的地区，造成对地表、海洋、人体及动植物的污染。细小的放射性颗粒甚至可到达平流层并随大气环流流动，经很长时间(甚至几年)才能回落到对流层，造成全球性污染。即使是地下核试验，由于"冒顶"或其他事故，仍可能造成以上的污染。另外，由于放射性核素都有半衰期，因此这些污染在其未完全衰变之前，污染作用不会消失。其中核试验时产生的危害较大的物质有 ^{90}锶、^{137}铯、^{131}碘和 ^{14}碳。核试验造成的全球性污染比其他原因造成的污染重得多，因此是地球上放射性污染的主要来源。随着在大气层进行核试验的次数的减少，由此引起的放射性污染也将逐渐减少。

2) 核工业过程的排放物

核能应用于动力工业，构成了核工业的主体。核工业的废水、废气、废渣的排放是造成环境放射性污染的一个重要原因。核燃料的生产、使用及回收形成了核燃料的循环，在这个循环过程中的每一个环节都会排放种类、数量不同的放射性污染物，对环境造成程度不同的污染。

(1) 核燃料生产过程。包括铀矿的开采、冶炼、精制与加工过程。在这个过程中，排放的污染物主要有由开采过程中产生的含有氡及氡的子体及放射性粉尘的废气；含有铀、镭、氡等放射性物质的废水；在冶炼过程中产生的低水平放射性废液及含镭、钍等多种放射性物质的固体废物；在加工、精制过程中产生的含镭、铀等的废液及含有化学烟雾和铀粒的废气等。

(2) 核反应堆运行过程。反应堆包括生产性反应堆及核电站反应堆等。在这个过程中产生了大量裂变产物，一般情况下裂变产物是被封闭在燃料元件盒内的。因此正常运转时，反应堆排放的废水中主要污染物是被中子活化后所生成的放射性物质，排放的废气中主要污染物是裂变产物及中子活化产物。

(3) 核燃料后处理过程。核燃料经使用后运到核燃料后处理厂，经化学处理后提取铀和钚循环使用。在此过程排出的废气中含有裂变产物，而排出的废水既有放射强度较低的废水，也有放射强度较高的废水，其中包含有半衰期长、毒性大的核素。因此燃料后处理过程是燃料循环中最重要的污染源。

对于整个核工业来说，在放射性废物的处理设施不断完善的情况下，处理设施正常运行时，对环境不会造成严重污染。严重的污染往往是由事故造成的。如1986年苏联的切尔贝利核电站的爆炸泄漏事故。因此减少事故排放对减少环境的放射性污染是十分重要的。

3) 医疗照射引起的放射性污染

随着现代医学的发展，辐射作为诊断、治疗的手段被越来越广泛地应用，且医用辐射设备增多，诊治范围扩大。辐射方式除外照射方式外，还发展了内照射方式，如诊治肺癌等疾病，就采用内照射方式，使射线集中照射病灶。但同时这也增加了操作人员和病人受到的辐照，因此医用射线已成为环境中的主要人工污染源。

4) 其他方面的污染源

如某些用于控制、分析、测试的设备使用了放射性物质，会对职业操作人员产生辐射危害。某些生活消费品中使用了放射性物质，例如，夜光表、彩色电视机会对消费者造成放射性污染；某些建筑材料如含铀、镭含量高的花岗岩和钢渣砖等，它们的使用也会增加室内的放射性污染。

7.3.2　放射性污染对人类的危害

由于放射性射线具有很高的能量，对物质原子具有电子激发和电离效应，因此，核辐照会引起细胞内水分子的电离，改变细胞体系的物理化学性质，这一改变将引起生命高分子—蛋白质与核酸化学性质的改变。如果这一改变进一步积累，就会造成组织、器官甚至个体水平的病变，放射性污染的这种危害称为生物学效应。放射性的生物学效应包括有机体自身损害的躯体效应和遗传物质变化的遗传效应。

1. 躯体效应

人体受到射线过量照射所引起的疾病称为放射性病，它可以分为急性和慢性两种。

急性放射性病是由大剂量的急性辐射所引起的，只有由于意外放射性事故或核爆炸时才可能发生。例如，1945 年，在日本长崎和广岛的原子弹爆炸中，就曾多次观察到病者在原子弹爆炸后 1h 内就出现恶心、呕吐、精神萎靡、头晕、全身衰弱等症状。经过一个潜伏期后，再次出现上述症状，同时伴有出血、毛发脱落和血液成分严重改变等现象，严重的造成死亡。急性放射性病还有潜在的危险，会留下后遗症，而且有的患者会把生理病变遗传给子孙后代。另外，急性辐射也会具有晚期效应。通过对广岛、长崎原子弹爆炸幸存者、接受辐射治疗的病人以及职业受照人群(如铀矿工人的肺癌发病率高)的详细调查和分析，证明辐射有诱发癌变的能力。受到放射照射到出现癌症通常有 5～30 年的潜伏期。

慢性放射病是由于多次照射、长期积累的结果。全身的慢性放射病，通常与血液病相联系，如白血球减少、白血病等。局部的慢性放射病，例如，当手部受到多次照射损伤时，指甲周围的皮肤呈红色，并且发亮，同时，指甲变脆、变形、手指皮肤光滑、失去指纹、手指无感觉，随后发生溃烂。

2. 遗传效应

辐射的遗传效应是由于生殖细胞受损伤，而生殖细胞是具有遗传性的细胞。染色体是生物遗传变异的物质基础，由蛋白质和 DNA 组成；DNA 有修复损伤和复制自己的能力，许多决定遗传信息的基因定位在 DNA 分子的不同区段上。电离辐射的作用使 DNA 分子受到损伤，如果是生殖细胞中的 DNA 受到损伤，并把这种损伤传给子孙后代，后代身上就可能出现某种程度的遗传疾病。

7.3.3 放射性污染控制技术

加强对放射性物质的管理是控制放射性污染的必要措施。

从技术控制手段来讲，放射性废物中的放射性物质，采用一般的物理、化学及生物的方法都不能将其消灭或破坏，只有通过放射性核素的自身衰变才能使放射性衰减到一定的水平，而许多放射性元素的半衰期十分长，并且衰变的产物又是新的放射性元素，所以放射性废物与其他废物相比在处理和处置上有许多不同之处。

1. 放射性废液的处理

放射性废水的处理方法主要有稀释排放法、放置衰变法、混凝沉降法、离子变换法、蒸发法、沥青固化法、水泥固化法、塑料固化法以及玻璃固化法等。

2. 放射性废气的处理

放射性废气主要由以下各种物质组成：①挥发性放射性物质(如钌和卤素等)；②含氚的氢气和水蒸气；③惰性放射性气态物质(如氪、氙等)；④表面吸附有放射性物质的气溶胶和微粒。在核设施正常运行时，任何泄露的放射性废气均可纳入废液中，只是在发生重大事故及以后的一段时间，才会有放射性气态物释出。在通常情况下，采取预防措施将废气中的大部分放射性物质截留住甚为重要，可选取的废气处理方法有过滤法、吸附法和放置法。

3. 放射性固体废物的处理

放射性固体废物可采用埋藏、煅烧等方法处理。如果是可燃性固体废物，则多采用煅烧法。

4. 放射性废物的处置

放射性废物进行处置的总目标是确保废物中的有害物质对人类环境不产生危害。其基本方法是通过天然或人工屏障构成的多重屏障层以实现有害物质同生物圈的有效隔离。根据废物的种类、性质、放射性核素成分和比活度以及外形大小等可分为以下 4 种处置类型。

(1) 扩散型处置法。此法适用于比活度低于法定限值的放射性废气或废水，在控制条件下向环境排入大气或水体。

(2) 管理型处置法。此法适用于不含铀元素的中、低放放射性固体废物的浅地层处置。将废物填埋在距地表有一定深度的土层中，其上面覆盖及植被，作出标记牌告。

(3) 隔离型处置法。此法适用于数量少，比活度较高、含长寿命 α 核素的高放射性废物。废物必须置于深地质层或其他长期能与人类生物圈隔离的场所，以待其充分衰减。其工程设施要求严格，须特别防止核素的迁出。

(4) 再利用型处置法。此法适用于极低放射性水平的固体废物。经过前述的去污处理，在不需任何安全防护条件下可加以重复或再生利用。

放射性废物的处置与利用是相当复杂的问题，特别是高放射性废物的最终处置，目前在世界范围内还处于探索与研究中，尚无妥善的解决办法。

7.4 热污染与防治

7.4.1 热污染及其危害

热污染是指人类活动影响环境产生不良增温的现象。产生热污染的原因主要有以下几个方面。

(1) 燃料燃烧和工业生产过程所产生的废热向环境的直接排放。

热污染主要来自能源消费。发电、冶金、化工和其他的工业生产，通过燃料燃烧和化学反应等过程产生的热量，一部分转化为产品形式，一部分以废热形式直接排入环境。转化为产品形式的热量，最终也要通过不同的途径释放到环境中。以火力发电为例，在燃料燃烧的能量中，40%转化为电能，12%随烟气排放，48%随冷却水进入到水体中。在核电站，能耗的33%转化为电能，其余的67%均变为废热全部转入水中。

由以上数据可以看出，各种生产过程排放的废热大部分转入到水中，使水升温成温热水排出。这些温度较高的水排进水体，形成对水体的热污染。电力工业是排放温热水量最多的行业，据统计，排进水体的热量，有80%来自发电厂。

(2) 温室气体的排放，通过大气温室效应的增强，引起大气增温。

(3) 由于消耗臭氧层物质的排放，破坏了大气臭氧层，导致太阳辐射的增强。

(4) 地表状态的改变使大气层反射率发生变化，影响了地表和大气间的换热等。

热污染的危害可分为局部性和全球性的。例如，局部热源(废冷却水)排放会造成水体的热污染可使水温升高，水中溶解氧降低，造成缺氧现象。水温的升高使水中植物，特别是藻类群落结构发生变化，耐热藻类可存活并大量繁殖，而一些不耐热藻类将会死亡，从而影响水生生态系统。水体生物化学反应由于温度升高而加快，会使污染水中的化学物质对水生生物毒性增强。另外，水中的鱼类及动物，由于水温增加，对其繁殖、回游和生存都造成不良影响，甚至会造成鱼类和其他水生动物大量死亡。

全球性的热污染主要是指由于能源使用导致大气成分(主要是温室气体，如二氧化碳等)的改变，从而改变地球的热平衡。当前人类非常关心的世界性环境问题，就是全球变暖问题，全球气候变迁都与上述过程有关。这些问题导致了世界性的气候灾害，如撒哈拉牧区、乌干达等地区持续的干旱，造成大量人畜死亡；如厄尔尼诺现象造成的气候反常对热带和温带生态系统的摧残；而温室效应导致的冰川融化也会对近海地区人类和生态造成灾难。

7.4.2 热污染防治

1. 改进热能的利用技术，提高热能利用率

通过提高热能利用率，既节约了能量，又可以减少废热的排放。例如，美国的火力发电厂，20世纪60年代时平均热效率为33%，现已提高到40%，使废热排放量降低很多。

2. 利用温排水冷却技术减少温排水

电力等工业系统的温排水，主要是来自工艺系统中的冷却水，对排放后可能造成热污染的这种冷却水，可通过冷却的方法使其降温，降温后的冷水可以回到工业冷却系统中重新使用。冷却方法可用冷却塔冷却，或用冷却池冷却。比较常用的为冷却塔冷却。在塔内，

喷淋的温水与空气对流流动，通过散热和部分蒸发达到冷却的目的。应用冷却回用的方法，既节约了水资源，又可向水体不排或少排热水。

3. 减少温室气体的排放

减少二氧化碳、甲烷等气体的排放量，防止地球变暖。

4. 发展除矿物燃料以外的清洁能源

发展太阳能、风能、水能、核能和地热能等清洁能源，不仅可以减少热排放的影响，而且有利于防止二氧化碳、二氧化硫和颗粒物等对大气的污染。

5. 废热的综合利用

对于工业装置排放的高温废气，可通过以下途径加以利用。
(1) 利用排放的高温废气预热冷原料气。
(2) 利用废热锅炉将冷水或冷空气加热成热水和热气，用于取暖、淋浴、空调加热等。
对于热水的冷却水，可通过以下途径加以利用。
(1) 利用电站温热水进行水产养殖，如国内外均已试验成功用电站温排水养殖非洲鲫鱼。
(2) 冬季用温热水灌溉农田，可延长适于作物的种植时间。
(3) 利用温热水调节港口水域水温，防止港口冻结等。

7.5 光污染与防治

7.5.1 光污染及其危害

人类活动造成的过量光辐射对人类生活和生产环境形成不良影响的现象称为光污染。目前对光污染的成因及条件研究得还不充分，因此还不能形成系统的分类及相应的防治措施。一般认为，光污染应包括可见光污染、红外光污染和紫外光污染。

1. 可见光污染

1) 眩光污染
人们接触较多的，如电焊时产生的强烈眩光，在无防护情况下会对人的眼睛造成伤害；夜间迎面驶来的汽车头灯的灯光，会使人视物极度不清，造成事故；长期工作在强光条件下，视觉容易受损；车站、机场、控制室过多闪动的信号灯以及在电视中为渲染舞厅气氛，快速地切换画面，也属于眩光污染，使人视觉不佳。

2) 灯光污染
城市夜间灯光不加控制，使夜空亮度增加，影响天文观测；路灯控制不当或建筑工地安装的聚光灯照进住宅，会影响居民休息。

3) 视觉污染
城市中杂乱的视觉环境，如杂乱的垃圾堆物、乱摆的货摊、五颜六色的广告和招贴等。这是一种特殊形式的光污染。

4) 其他可见光污染

如现代城市的商店、写字楼、大厦等，外墙全部用玻璃或反光玻璃装饰，在阳光或强烈灯光照射下，所发出的反光会扰乱驾驶员或行人的视觉，成为交通事故的隐患。

2. 红外光污染

近年来，红外光在军事、科研、工业、卫生等方面应用日益广泛，由此可产生红外线污染。红外线通过高温灼伤人的皮肤，还可透过眼睛角膜对视网膜造成伤害，长期的红外照射可以引起白内障。

3. 紫外光污染

波长为 $2500 \times 10^{-10} \sim 3200 \times 10^{-10} \mathrm{m}$ 的紫外光，对人具有伤害作用，主要伤害表现为角膜损伤和皮肤灼伤，并伴有高度畏光、流泪和脸痉挛等症状。

7.5.2 光污染防治

光污染是伴随着工业与城市发展所形成的一种新污染，光污染的防护对策可概述如下。

(1) 在城市中，市政当局除需要限制或禁止在建筑物表面使用隐框玻璃幕墙外，还应完善立法加强灯火管制，避免光污染的产生。

(2) 在工业生产中，对光污染的防护措施包括：在有红外线及紫外线产生的工作场所，应适当采取安全办法。例如，采用可移动屏障将操作区围住，以防止非操作者受到有害光源的直接照射等。

(3) 个人防护光污染的最有效措施是保护眼部和裸露皮肤不受光辐射的影响。为此，配带护目镜和保护面罩是十分有效的。

复习和思考

1. 什么是噪声污染？它对人体的危害有哪些？如何进行防治？
2. 电磁辐射对人体的危害有哪些？如何进行防治？
3. 放射性污染对人体的危害有哪些？如何进行防治？
4. 如何进行废热的综合利用并防止热污染？
5. 如何防治光污染？

第3篇 环境规划与管理篇

第8章 环境规划

8.1 概述

8.1.1 环境规划的基本概念

规划是人们以思考为依据，安排其行为的过程。规划与计划近义，经常被替换和混用。规划与计划通常兼有两层含义：一是描绘未来，规划是人们根据现在的认识对未来目标和发展状态的构想；二是行为决策，即实现未来目标或达到未来发展状态的行动顺序和步骤的决策。

对于环境规划，通常有以下几种理解。

按照《环境科学大词典》(1991年)，环境规划是人类为使环境与经济社会协调发展而对自身活动和环境所做的时间和空间上的合理安排。

有人认为，环境规划是指在一定的时期、一定的范围内整治和保护环境，为达到预定的环境目标所做的总的布置和规定。

也有人认为，环境规划是对不同地域和不同空间尺度的环境保护的未来行动进行规范化的系统筹划，是为实现预期环境目标的一种综合性手段。

8.1.2 环境规划的作用

环境规划就是要依据有限的环境承载力，规定人们的经济社会行为，提出保护和建设环境的方案，促进环境与经济社会协调发展。环境规划担负着从整体上、战略上和方案上来研究和解决环境问题的任务，对于可持续发展战略的顺利实施起着十分重要的作用。

实践证明，环境规划是改善环境质量、防止生态破坏的重要措施，它在社会经济发展和环境保护中的作用概括起来有以下几点。

1. 环境规划是协调经济社会发展与环境保护的重要手段

环境问题和资源、经济、社会等问题紧密结合，事关人类发展。环境问题的解决，必须注重预防为主，否则损失巨大，后果严重。环境规划将环境与经济社会发展问题结合起来，起到有效预防的效果。环境规划是环境决策在时间、空间上的具体安排，是规划管理者对一定时期内环境保护目标和措施所做的具体规定，是一种带有指令性的环境保护方案。其目的是在发展经济的同时保护环境，使经济与社会协调发展。

2. 环境规划是实施环境保护战略的重要手段

环境保护战略只是提出了方向性、指导性的原则 、方针、政策、目标、任务等方面的内容，而要把环境保护战略落到实处，则需要通过环境规划来实现，通过环境规划来具体贯彻环境保护的战略方针和政策，完成环境保护的任务。环境规划是要在一个区域范围内进行全面规划、合理布局以及采取有效措施，预防产生新的生态破坏，同时又有计划、有步骤、有重点地解决一些历史遗留的环境问题，并且改善区域环境质量和恢复自然生态的良性循环，体现了"预防为主"方针的落实。

3. 环境规划是实施有效管理的基本依据

环境规划提出了一个区域在一定时期内环境保护的总体设计和实施方案，它给各级环境保护部门提出了明确的方向和工作任务，因而它在环境管理活动中占有较为重要的地位。环境规划制定的功能区划、质量目标、控制指标和各种措施以及工程项目，给人们提供了环境保护工作的方向和要求，可以指导环境建设和环境管理活动的开展，对有效实现环境科学管理起着决定性的作用。根据环境的纳污容量以及"谁污染谁承担削减责任"的基本原则，公平地规定各排污者的允许排污量和应削减量，为合理地、强制性地约束排污者的排污行为、消除污染提供科学依据。

8.1.3 环境规划与相关规划的关系

当前，生态与环境问题已经渗透到国民经济与社会发展的各个领域。环境规划与国民经济和社会发展规划、城市规划等相互支持、互为参照、互为基础、关系紧密。

1. 与国民经济发展规划的关系

环境规划已被纳入国民经济和社会发展规划，成为国民经济发展规划中重要的有机组成部分和重要内容。随着规划编制理念的不断更新，尤其是可持续发展战略的深入推进，发展规划越来越强调以人为本，强调经济、社会和环境协调发展。环境规划在国民经济发展规划中的地位越来越突出，作用越来越大。

环境规划是经济社会发展规划的基础，它为预防和解决经济社会发展带来的环境问题提供解决方案。经济社会发展规划必须充分考虑环境资源支撑条件、环境容量和环境保护的目标要求，充分利用环境资源促进经济社会发展。

2. 与城市总体规划的关系

城市规划是国民经济与社会发展在空间上进行布局和安排的一种手段，生态与环境问题是城市规划必须研究和解决的重要内容之一。通过区域生态与环境状态的分析评价，找出解决区域生态和环境问题的途径、方法与措施，以便为城市设计提供原则和依据，为城乡一体化提供良好的外部环境条件，从而形成良好的区域生态环境，提供具有较好适宜发展、适宜居住的人居环境。

环境规划是城市总体规划的不可缺少的组成部分。环境规划与城市规划互为参照、互为基础，保护好生态环境是城市规划的目标之一，环境规划目标作为城市总体规划的目标参与综合平衡并纳入其中。依据中华人民共和国建设部《城镇体系规划编制审批办法》中第十三条第八款："确立保护区域生态环境、自然和人文景观以及历史文化遗产的原则和措施"。在国家规划设计标准中规定了城镇体系规划内容中应包括生态与环境保护的内容。

8.1.4 环境规划在我国的发展

　　1975 年联合国欧洲经济委员会在鹿特丹召开经济规划的生态对象讨论会,美、苏、德、英、法、意等 15 个国家参加,与会代表提出了制定环境经济规划问题,在制定经济发展规划中考虑生态因素。

　　我国在制定"六五"规划时明确提出,要使社会、经济、科学技术相结合,人口、资源、环境相结合,计划中要包括环境保护部分,计划的其他部分要充分考虑到环境保护的要求。环境保护纳入了国民经济计划,成为经济、社会发展规划中的有机组成部分。

　　1982 年,国务院技术经济研究中心与山西省人民政府联合组织制定了"山西能源重化工基地综合经济规划"。在国内这是第一次在比较大的区域内,同步制定经济建设、城乡建设、环境建设的规划。1983 年,第三次全国环境保护会议总结已有的实践经验,明确提出:"经济建设、城乡建设与环境建设同步规划、同步实施、同步发展",实现"经济效益、社会效益与环境效益的统一"。

　　1992 年联合国环境与发展大会之后,解决环境与发展问题,实行可持续发展战略,促进经济与环境协调发展,成为环境规划的主要目的和中心内容,这种规划实质上是宏观与微观相结合的"环境与发展规划"。

　　《中华人民共和国环境保护法》第四条规定:"国家制定的环境保护规划必须纳入国民经济和社会发展规划,国家采取有利于环境保护的经济、技术政策和措施,使环境保护工作同经济建设和社会发展相协调。"第十二条规定:"县级以上人民政府环境保护行政主管部门,应当会同有关部门对管辖区范围内的环境状况进行调查和评价,拟定环境保护规划,经计划部门综合平衡后,报同级人民政府批准实施"。将环境规划写入环境保护法中,为制定环境规划提供了法律依据。

8.2　环境规划的原则和类型

8.2.1 环境规划的原则

　　环境规划必须坚持以可持续发展战略为指导,围绕促进可持续发展这个根本目标。制定环境规划必须遵循以下基本原则。

1. 促进环境与经济社会协调发展的原则

　　保障环境与经济社会协调、持续发展是环境规划最重要的原则。环境是一个多因素的复杂系统,包括生命物质和非生命物质,并涉及社会、经济等许多方面的问题。环境系统与经济系统和社会系统相互作用、相互制约,构成一个不可分割的整体。

　　环境规划必须将经济、社会和自然系统作为一个整体来考虑,研究经济和社会的发展对环境的影响(正影响和负影响)、环境质量和生态平衡对经济和社会发展的反馈要求与制约,进行综合平衡,遵循经济规律和生态规律,做到经济建设、城乡建设、环境建设同步规划、同步实施、同步发展,使环境与经济、社会发展相协调。实现经济效益、社会效益和环境效益的统一。

2. 遵循经济规律和生态规律的原则

环境规划要正确处理环境与经济的关系，实现环境与经济协调发展，必须遵循经济规律和生态规律。在经济系统中，经济规模、增长速度、产业结构、能源结构、资源状况与配置、生产布局、技术水平、投资水平、供求关系等都有着各自及相互作用的规律。在环境系统中，污染物产生、排放、迁移转换，环境自净能力、污染物防治、生态平衡等也都有自身的规律。在经济系统与环境系统之间的相互依赖、相互制约的关系中，也有着客观的规律性。要协调好环境与经济、社会发展，必须既要遵循经济规律，又要遵循生态规律，否则会造成环境恶化、危害人类健康、制约经济正常发展的恶果。

3. 环境承载力有限的原则

环境承载力是指在一定时期内，在维持相对稳定的前提下，环境资源所能容纳的人口规模和经济规模的大小。地球的面积和空间是有限的，它的资源是有限的，显然，环境对污染和生态破坏的承载能力也是有限的。人类的活动必须保持在地球承载力的极限之内。如果超过这个限度，就会使自然环境失去平衡稳定的能力，引起质量上的衰退，并造成严重后果。因此，人类对环境资源的开发利用，必须维持自然资源的再生功能和环境质量的恢复能力，不允许超过生物圈的承载容量或容许极限。在制定环境规划时，应该根据环境承载力有限的原则。对环境质量进行慎重地分析研究，对经济社会活动的强度、发展规模等作出适当的调节和安排。

4. 因地制宜、分类指导的原则

环境和环境问题具有明显的区域性。不同地区在其地理条件、人口密度、经济发展水平、能量资源的储量、文化技术水平等方面，也是千差万别。环境规划必须按区域环境的特征，科学制定环境功能区划，在进行环境评价的基础上，掌握自然系统的复杂关系，分清不同的机埋，准确地预测其综合影响，因地制宜地采取相应的策略措施和设计方案。坚持环境保护实行分类指导，突出不同地区和不同时段的环境保护重点和领域。要把城市环境保护与城市建设紧密结合，实行城市与农村环境整治的有机结合，防止污染从城市向农村转移。按照因地制宜的原则，从实际出发，才能制定出切合实际的环境保护目标，才能提出切实可行的措施和行动。

5. 强化环境管理的原则

环境规划要成为指导环境与经济社会协调发展的基本依据，必须适应我国建立社会主义市场经济体制的趋势，必须充分运用法律从经济和行政手段，充分体现环境管理的基本要求。在环境规划中，必须坚持以防为主、防治结合、全面规划、合理布局、突出重点，兼顾一般的环境管理的主要方针。做到新建项目不欠账，老污染源加快治理。坚持工业污染与基本建设和技术改造紧密结合，实行全过程控制，建立清洁文明的工业生产体系。积极推行经济手段的运用，坚持"污染者负担"和"谁开发谁保护，谁破坏谁恢复，谁利用谁补偿，谁收益谁付费"的原则。只有把强化环境管理的原则贯穿到环境规划的编制和实施之中，才能有效避免"先污染、后治理"的旧式发展道路。

8.2.2 环境规划的类型

在国民经济和社会发展规划体系中，环境规划是一个多层次、多要素、多时段的专项规划，内容十分丰富。根据环境规划的特征，从不同的角度，环境规划可以有不同的分类。

1. 按规划的主体划分

按照规划的主体划分，环境规划包括区域环境规划和部门(行业)环境规划。

区域环境规划，按地域范围划分，可以分为全国环境规划、大区(如经济区)环境规划、省城环境规划、流域环境规划、城市环境规划、乡镇环境规划、厂区(如开发区)环境规划等。区域环境规划综合性、地域性很强，它既是制定上一级环境规划的基础，又是制定下一级区域环境规划和部门环境规划的依据和前提。

不同的国民经济行业，有不同的部门环境规划，主要包括工业部门环境规划 (冶金、化工、石油、电力、造纸等)、农业部门环境规划、交通运输部门环境规划等。

2. 按规划的层次划分

按规划的层次划分，环境规划包括宏观环境规划、专项环境规划以及环境规划决策实施方案。

以区域环境规划为例，有区域宏观环境规划、区域专项环境规划和区域环境规划实施方案，它们的内容既有区别也有联系。

(1) 区域宏观环境规划。这是一种战略层次上的环境规划，主要包括环境保护战略规划、污染物总量宏观控制规划、区域生态建设与生态保护规划等。

(2) 区域专项环境规划。例如，大气污染综合防治规划，水环境污染综合防治规划，城市环境综合整治规划，乡镇(农村)环境综合整治规划，近岸海域环境保护规划等。

(3) 区域环境规划实施方案。这是战略决策最低层次的规划，实施方案是决策和规划的落实和具体的时空安排。

3. 按规划的要素划分

按环境规划的要素划分，环境规划可分为两大类型：一是污染防治规划，二是生态保护规划。环境保护应坚持污染防治与生态保护并重，生态建设与生态保护并举。

4. 污染防治规划

污染防治规划，通常也称为污染控制规划，是我国当前环境规划的一个重点。根据范围和性质可分为区域 (或地区)污染防治规划、部门污染防治规划、环境要素 (或污染因素)污染防治规划。

1) 区域污染防治规划

主要包括城市污染综合防治规划、工矿区污染综合防治规划、江河流域污染综合防治规划、近岸海域污染综合防治规划等。

城市污染综合防治规划是最常见的一种区域污染防治规划。城市污染综合防治规划主要包括：①按照区域环境要求和条件，实行功能分区，合理部署居民区、商业区、游览区、文教区、工业区、交通运输网络、城镇体系及布局等；②大气污染防治规划，考虑产业结构和产业布局、能源结构等，提出大气主要污染物环境容量和优化分配方案，提出污染物削减方案和控制措施；③水源保护和污水处理规划，规定饮用水源保护区及其保护措施，根据产业发展情况，规定污水排放标准，确定下水道与污水处理厂的建设规划；④垃圾处理规划，规定垃圾的收集、处理、利用指标和方式，争取由堆积、填埋、焚烧处理垃圾走向垃圾的综合利用；⑤绿化规划，规定绿化指标，划定绿化地区等。

2) 部门污染防治规划

不同部门经济活动的特点不同，造成的环境污染与破坏也不相同，因此污染防治规划的侧重点也不相同。例如，以煤为主要燃料的发电厂，主要造成尘、二氧化硫、氮氧化物等大气污染、热污染，以及粉煤灰的处理和利用等问题；化工、冶金等行业也主要带来废水、重金属污染等。部门污染防治规划主要包括工业系统污染综合防治规划、农业污染综合防治规划、交通污染综合防治规划、商业污染综合防治规划等。工业或行业污染物的排放是环境污染的主要原因，也是控制环境污染的首要对象，因此，部门污染防治规划又称工业或行业污染防治规划。

部门污染防治规划是在行业规划的基础上，以加强重点污染行业技术改造和治理点源为主的规划。该规划充分体现工业或行业特点，突出总量控制和治理项目的实施。规划的主要内容包括：①布局规划，按照组织生产和保护环境两方面的要求，划定工业或行业的发展区，并确定工业或行业的发展规模；②根据区域内工业污染物现状和规划排放总量，按照功能目标要求，确定允许的排放量或削减量；③对新建、改建、扩建项目，根据区域总量控制要求，确立新增污染物排放量和去除量；④对老污染源治理项目，制定淘汰落后工艺和产品的规划，提出治理对策，确定污染物削减量；⑤制定工业污染排放标准和实现区域环境目标的其他主要措施。

3) 环境要素污染防治规划

按环境要素的不同，污染防治规划可以分为大气污染防治规划、水污染防治规划、固体废弃物污染防治规划等。

大气污染防治规划包括城市大气污染防治规划、区域大气污染防治规划、全球性大气污染防治规划等。针对区域内主要大气污染问题，根据大气环境质量的要求，运用系统工程的方法，以调整经济结构和布局为主、工程技术措施为辅而确定的大气污染综合防治对策。该类规划关键的内容是：①明确具体的大气污染控制目标；②优化大气污染综合防治措施。防治措施主要包括：①减少污染物排放，改革能源结构，对燃料进行预处理，改进燃烧装置和燃烧技术，采用无污染或少污染的工艺，节约能源，加强企业管理，减少事故性排放，妥善处理废渣以减少地面扬尘等；②治理污染物，回收利用废气中有用物质或使有害气体无害化，有计划、有选择地扩大绿地面积，发展植物净化；③利用大气环境的自净能力，合理确定烟囱高度，充分利用大气在时间和空间上的稀释扩散自净能力等。

水环境污染防治规划包括饮用水源地污染防治规划、城市水环境污染防治规划等。水体的对象可以是江河、湖泊、海湾、地下水等，针对水体的环境特征和主要污染问题而制定的防治目标和措施，又称为污染防治规划。水污染防治规划的主要内容是：①水环境功能区规划，按照不同的水质使用功能、水文条件、排污方式、水质自净特征，划分水质功能区，监控断面，建立水质管理信息系统；②水质目标和污染物总量控制规划，规定水质目标与污染物排放总量控制指标；③治理污水规划，提出推荐的水体污染控制方案，确定

提出分期实施的工程设施和投资概算等。

固体废弃物污染防治规划主要包括对工业固体废弃物污染综合防治规划（包括减排、综合利用及无害化处理）、危险固体废弃物处理处置规划、城市生活垃圾处理和利用规划等。

5. 生态保护规划

一般认为，生态保护规划是以生态学原理和城乡规划原理为指导，根据社会、经济、自然等条件，应用系统科学、环境科学等多学科的手段辨识、模拟和设计人工复合生态系统内的各种生态关系，确定资源开发利用与保护的生态适宜度，合理布局和安排农、林、牧、副、渔业和工矿交通事业，以及住宅、行政和文化设施等，探讨改善系统结构与功能的生态建设对策。生态保护规划充分运用生态学的整体性原则、循环再生原则、区域分异原则，融生态规划、生态设计、生态管理于一体。

(1) 生态环境建设规划。包括区域生态建设规划、城市生态建设规划、农村生态建设规划、海洋生态环境保护规划、生态特殊保护区建设规划、生态示范区建设规划。

(2) 自然保护规划。根据不同要求、不同保护对象可以分成不同的类型规划。常有两类规划：自然资源保护规划和自然保护区规划。自然资源开发与保护规划包括森林、草原等生物资源的开发与保护规划，土地资源的开发与保护规划，海洋资源的开发与保护规划，矿产资源的开发与保护规划，旅游资源的开发与保护规划等。自然保护区规划是在充分调查的基础上，论证建立自然保护区的必要性、迫切性、可行性，确立保护区范围，拟建自然保护区等级和保护类型，提出保护、建设、管理对策意见。自然保护区一旦确立，便成为一个占有法定空间、具有特定自然保护任务、受法律保护的特殊环境实体。我国自然保护区分为国家级自然保护区和地方级自然保护区，地方级又包括省、市、县3级。

6. 按时间跨度划分

按照时间跨度划分，环境规划通常分为长期环境规划、中期环境规划和短期环境规划。

长期环境规划是纲要性计划。一般时间跨度在10年以上，其主要内容是确定环境保护战略目标、主要环境问题的重要指标、重大政策、措施。

中期环境规划是环境保护的基本计划，一般时间跨度在5～10年以上，其主要内容是确定环境保护目标、主要指标、环境功能区划、主要的环境保护设施建设和修改项目及环境保护投资的估算和筹集渠道等。

短期环境规划一般时间跨度在5年以下，短期环境规划或年度环境保护计划是中期规划的实施计划，内容比中期规划更为具体，更具可操作性，针对当前突出的环境问题制定的短期环境保护行动计划，有所侧重，但不一定面面俱到。不同时间跨度的环境规划之间有效的衔接和配合，能够确保环境规划的时效性。

7. 按环境与经济的制约关系划分

环境与经济存在着相互依赖、相互制约的双向联系，但在特定的条件下，有时以经济发展为主，有时以保护环境为先。按环境与经济的制约关系划分，环境规划可以分为经济制约型规划、环境与经济协调发展型规划、环境制约型规划。

经济制约型环境规划是为了满足经济发展的需要,环境保护只服从于经济发展的要求。一般是在确定了社会发展目标、产业结构、生产布局、工艺进程的前提下,预测污染物的产生量,根据环境质量要求和环境容量大小,规划去除污染物的数量和方式,而经济社会发展规划不考虑环境的反馈要求。

协调发展型规划是将环境与经济作为一个大系统来规划,既考虑经济对环境的影响,又要考虑环境对经济发展的制约关系,以实现经济与环境的协调发展。这类规划是协调发展理论的产物,是人们对无节制使用环境,从而遭到环境报复以后的经验总结,是环境规划发展的方向。

环境制约型规划是指在某些特殊环境下,环境保护成了环境与经济关系的主要矛盾,经济发展要服从环境质量的要求,如饮用水源保护区、重点风景游览区、历史遗迹等的环境规划。

8.3 环境规划的工作程序和主要内容

8.3.1 环境规划的基本程序

环境规划是协调环境资源的利用与经济社会发展的科学决策过程。环境规划因对象、目标、任务、内容和范围等的不同而不同,编制环境规划的侧重点也各不相同,但规划编制的基本程序大致相同,主要包括编制环境规划工作计划、现状调查和评价、环境预测分析、确定环境规划目标,制定环境规划方案、环境规划方案的申报和审批、环境规划方案的实施等步骤,如图 8.1 所示。

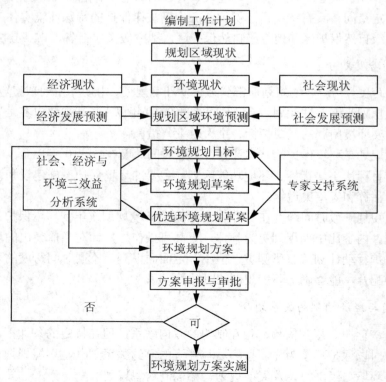

图 8.1 环境规划编制基本程序

8.3.2 环境规划的主要步骤和内容

1. 编制环境规划的工作计划

在开展规划工作前，有关人员要根据环境规划的目的和要求，对整个规划工作进行组织和安排，提出规划编写提纲，明确任务，制定翔实的工作计划。

2. 环境、经济和社会现状调查和评价

包括规划区域内环境质量现状、自然资源现状及相关的社会和经济现状调查，明确存在的主要环境问题，并作出科学的分析和评价。

通过环境调查与评价，认识环境现状，发现主要环境问题，确定造成环境污染的主要污染源。环境评价包括自然环境评价、经济和社会评价、污染评价。环境调查与评价要特别重视污染源的调查与评价，将污染物排放总量、"三废"超标排放情况进行排序，决定本区域污染物总量控制的主要污染物和主要污染源。对区域环境的功能、特点、结构及变化规律进行分析研究，并建立环境信息数据库，为合理利用环境资源、制定切实可行的环境规划奠定基础。

1) 经济和社会发展概况调查

环境与经济、社会相互依赖、相互制约。随着工业化进程加快，尤其是科技进步，经济和社会发展在人地系统中的主导作用越来越明显。经济和社会发展规划是制定环境规划的前提和依据。但经济和社会发展又受环境因素的制约，经济和社会发展要充分考虑环境因素，满足环境保护要求。在某些条件下，环境因素又可能变为某些方面的决定因素。因此，区域经济和社会发展规模、速度、结构、布局应在环境规划中给以概要说明(包括现状及发展趋势)，以阐述经济发展对资源需求的增大和伴生的环境问题，以及人口、技术和社会变化带来的消费需求增长及其环境影响。

2) 环境调查

环境调查的基本内容包括环境特征调查、生态调查、污染源调查、环境质量的调查、环保治理措施效果的调查以及环境管理现状的调查等。

(1) 环境特征调查。

环境特征调查主要有自然环境特征调查(如地质地貌、气象条件、水文资料，土壤类型、特征及土地利用情况，生物资源种类形状特征、生态习性，环境背景值等)，社会环境特征调查(如人口数量、密度分布，产业结构和布局，产品种类和产量，经济密度，建筑密度，交通公共设施，产值，农田面积，作物品种和种植面积，灌溉设施，渔牧业等)，经济社会发展规划调查(如规划区内的短、中、长期发展目标，包括国民生产总值、国民收入、工农业生产布局以及人口发展规划、居民住宅建设规划、工农业产品产量、原材料品种及使用量、能源结构、水资源利用等)。

(2) 生态调查。

生态调查主要有水土保持面积、自然保护区面积、土地开发利用情况、森林覆盖率、绿地覆盖率的调查等。

(3) 污染源调查。

污染源主要包括工业污染源、农业污染源、生活污染源、交通运输污染源、噪声污染源、放射性和电磁辐射污染源等。在分类调查时，要与另外的分类 (大气污染源、水污染源、土壤污染源、固体废弃物污染源、噪声源等)结合起来汇总分析。对海域进行污染源调查时，主要按陆上污染源、海上污染源、大气污染源 (扩散污染源)分类做调查。污染源调查主要须获得以下几方面的资料或数据。污染源密度及分布，向水域排污的排污口分布(要求绘图)，各污染源的主要污染物年排污量及污染负荷量 (等标化的)，按行业计算的工业污染源排污系数，各污染源的排污分担率及污染分组率，本区域内的主要污染物及重点污染源。

(4) 环境质量调查。

环境质量调查主要调查区域大气、水及生态等环境质量，大多可以从环境保护部门及工厂企业历年的监测资料获得。

① 环境污染现状调查。主要包括江河湖泊污染现状及污染分布(绘图)，地下水污染现状及分布，海域污染现状及分布，大气环境污染现状及分布，土壤污染现状及分布。另外，还应对城镇污染现状做专项调查(包括大气污染、水污染特别是饮用水源的污染、固体废弃物污染、噪声及电磁污染)。

② 生态破坏现状调查。当前重要调查土地荒漠化现状，水土流失状况，沙尘暴出现的频率及影响范围，土地退化的状况，森林、草原破坏现状，生物多样化的锐减以及海洋生态破坏现状等。

(5) 环境保护措施的效果调查。

环境保护措施的效果调查主要是对环境保护工程措施的削减效果及其综合效益进行分析评价。根据"三同步"方针，城乡建设与环境建设要同步规划、综合平衡。所以，在制定区域环境规划时，要对城乡建设的现状及发展趋势进行调查并做概况分析，参照城乡建设总体规划和实地调查，搞清建设过程中可能出现的问题以及对土地和水资源等的需求。

(6) 环境管理现状调查。

环境管理现状调查主要包括环境管理机构、环境保护工作人员业务素质、环境政策法规和标准的实施情况、环境监督的实施情况等。

3) 环境质量评价

环境质量评价即按一定的评价标准和评价方法，对一定区域范围内的环境质量进行定量的描述，以便查明规划区环境质量的历史和现状，确定影响环境质量的主要污染物和主要污染源，掌握规划区环境质量变化规律，预测未来的发展趋势，为规划区的环境规划提供科学依据。环境质量评价的基本内容如下。

(1) 污染源评价。通过调查、监测和分析研究，找出主要污染源和主要污染物以及污染物的排放方式、途径、特点、排放规律和治理措施等。

(2) 环境污染现状评价。根据污染源结果和环境监测数据的分析，评价环境污染的程度。

(3) 环境自净能力的确定。

(4) 对人体健康和生态系统的影响评价。主要包括环境污染与生态破坏导致的人体效应(对人体健康损害的状况)、经济效应(直接及间接的经济损失)以及生态效应。

(5) 费用效益分析。调查由污染造成的环境质量下降所带来的直接、间接的经济损失，分析治理污染的费用和所得经济效益的关系。

3. 环境预测分析

在区域现状调查和掌握资料的基础上，根据区域社会经济发展规划，预测区域社会经济发展对环境的影响及其变化趋势。环境预测是根据所掌握的区域环境信息资料，结合国民经济和社会的发展状况。对区域未来的环境变化(包括环境污染和环境质量变化)的发展趋势作出科学的、系统的分析，预测未来可能出现的环境问题。包括预测这些环境问题出现的时间、分布范围及可能产生的危害，并针对性地提出防治可能出现的环境问题的技术措施及对策。它是环境决策的重要依据，没有科学的环境预测就不会有科学的环境决策，当然也就不会有科学的环境规划。环境预测通常需要建立各种环境预测模型。环境预测的主要内容如下。

1) 社会和经济发展预测

社会发展预测重点是人口预测，包括人口总数、人口密度以及分布等；经济发展预测包括能源消耗预测、国民生产总值预测、工业部门产值预测以及产业结构和布局预测等内容。社会和经济发展预测是环境预测的基本依据。

2) 资源供需预测

然资源是区域经济持续发展的基础。随着人口的增长和国民经济的迅速发展，我国许多重要自然资源开发强度都较大，特别是水、土地和生物资源等。在资源开发利用中，应该既要做好资源的合理开发和高效利用，同时又要分析资源开发和利用过程中的生态环境问题，关注其产生原因并预测其发展趋势。所以，在制定环境规划时必须对资源的供需平衡进行预测分析，主要有水资源的供需平衡分析、土地资源的供需平衡分析、生物资源(森林、草原、野生动植物等)供需平衡分析、矿产资源供需平衡分析等。

3) 污染源预测

污染源预测包括大气污染源预测、废水排放总量及各种污染物总量预测、污染源废渣产生量预测、噪声预测、农业污染源预测等。污染源的预测必须结合区域产业发展的趋势，包括产业结构调整情况、区域产业布局情况、区域人口和城市功能分区等，提出环境污染源排放量和分布变化趋势。

4) 环境质量预测

根据污染源预测结果，在预测主要污染物增长的基础上，结合区域环境模型(如大气质量模型、水质模型等)，分别预测环境质量的变化情况，包括大气环境、水环境、土壤环境等环境质量的时间、空间变化。

5) 生态环境预测

生态环境预测包括城市生态环境预测、农业生态环境预测、森林环境预测、草原和沙漠生态环境预测、珍稀濒危物种和自然保护区现状及发展趋势的预测、古迹和风景区的现状及变化趋势预测。

6) 环境污染和生态破坏造成的经济损失预测

环境污染和生态破坏会给区域经济发展和人民生活带来损失。环境污染和生态破坏造成的经济损失预测，就是根据环境经济学的理论和方法，调查和计量由环境污染和生态破坏而带来的直接和间接经济损失。

4. 确定环境规划目标

环境目标是在一定的条件下，决策者对环境质量所想要达到的状况或标准，是特定规划期限内需要达到的环境质量水平与环境结构状态。

环境目标一般分为总目标、单项目标、环境指标 3 个层次。

总目标是指区域环境质量所要达到的要求或状态。

单项目标是依据规划区环境要素和环境特征以及不同环境功能所确定的环境目标。

环境指标是体现环境目标的指标体系，是目标的具体内容和环境要素特征和数量的表述。在实际规划工作中，根据规划区域对象、规划层次、目的要求、范围、内容而选择适当的指标。指标选取的基本原则有科学性原则、规范化原则、适应性原则、针对性原则、超前性原则和可操作性原则。指标类型主要包括环境质量指标、污染物总量控制指标、环境管理与环境建设指标、环境投入以及相关的社会经济发展指标等。

须特别强调的是环境规划目标必须科学、切实、可行。确定恰当的环境目标，即明确所要解决的问题及所达到的程度，是制定环境规划的关键。规划目标要与该区域的经济和社会发展目标进行综合平衡，针对当地的环境状况与经济实力、技术水平和管理能力，制定出切合实际的规划目标及相应的措施。目标太高，环境保护投资多，超过经济负担能力，环境目标会无法实现；目标太低，就不能满足人们对环境质量的要求，造成严重的环境问题。因此，在制定环境规划时，确定恰当的环境保护目标是十分重要的，环境规划目标是否切实可行是评价规划好坏的重要标志。

(1) 确定环境目标的原则。

确定环境目标，需要遵循这些原则：①要考虑规划区域的环境特征、性质和功能要求；②所确定的环境目标要有利于环境质量的改善；③要体现人们生存和发展的基本要求；③要掌握好"度"，使环境目标和经济发展目标能够同步协调，能够同时实现经济、社会和环境效益的统一。

(2) 环境功能区划与环境目标的确定。

功能区是指对经济和社会发展起特定作用的地域或环境单元。环境功能区划是依据社会发展需要和不同区域在环境结构、环境状态和使用功能上的差异，对区域进行合理划分。进行环境功能分区是为了合理进行经济布局，并确定具体环境目标，也便于进行环境管理与环境政策的执行。环境功能区，实际上是社会、经济与环境的综合性功能区。

环境功能区划可分为综合环境功能区划和分项(专项)环境功能区划两个层次，后者包括大气环境功能区划、水环境功能区划、声环境功能区划、近海海域环境功能区划等。

环境功能区划中应考虑以下原则。

① 环境功能与区域总体规划相匹配，保证区域或城市总体功能的发挥。

② 根据地理、气候、生态特点或环境单元的自然条件划分功能区，如自然保护区、风景旅游区、水源区或河流及其岸线、海域及其岸线等。

③ 根据环境的开发利用潜力划分功能区，如新经济开发区、生态绿地等。

④ 根据社会经济的现状、特点和未来发展趋势划分功能区，如工业区、居民区、科技开发区、教育文化区、开放经济区等。

⑤ 根据行政辖区划分功能区，按一定层次的行政辖区划分功能，往往不仅能反映环境的地理特点，而且也反映了某些经济社会特点，有其合理性，也便于管理。

⑥ 根据环境保护的重点和特点划分功能区，特别是一些敏感区域，可分为重点保护区、一般保护区、污染控制区和重点治理区等。

根据规划区内各区域环境功能的不同分别采取不同的对策确定并控制其环境质量。确定环境保护目标时，至少应包括环境总体目标(战略目标)、污染物总量控制目标和各环境

功能区的环境质量目标 3 项内容。

在区域环境规划的综合环境功能区划中，常划分出以下几类区域。

① 特殊(重点)保护区。包括自然保护区、重要文物古迹保护区、风景名胜区、重要文教区、特殊保护水域或水源地、绿色食品基地等。

② 一般保护区。主要包括生活居住区、商业区等。

③ 污染控制区。往往是现状的环境质量尚好，但须严格控制污染的工业区。

④ 重点治理区。通常是受污染较严重或受特殊污染物污染的区域。

⑤ 新建经济技术开发区。根据环境管理水平确定，一般应该从严要求。

⑥ 生态农业区。应满足生态农业的相关要求。

5. 提出环境规划方案

规划方案是实现规划目标的具体途径。编制规划方案需要针对环境调查、筛选主要环境问题，根据所确定的环境目标和环境目标指标体系，提出环境对策措施，包括具体的污染防治和自然保护的措施及对策。

6. 环境规划方案的申报与审批

环境规划的申报与审批是把规划方案变成实施方案的基本途径，也是环境管理中的一项重要工作制度。环境规划方案必须按照一定的程序上报有关决策机关，等待审核批准。

7. 环境规划方案的实施

环境规划的实用价值主要取决于它的实施程度。环境规划的实施既与编制规划的质量有关，又取决于规划实施所采取的具体步骤、方法和组织。实施环境规划要比编制环境规划复杂和困难。环境规划按照法定程序审批下达后，在环境保护部门的监督管理下，各级政策有关部门，应根据规划提出的任务要求，强化规划执行。实施环境规划的具体要求和措施，归纳起来有以下几点。

(1) 切实把环境规划纳入国民经济和社会发展计划中。

保护环境是发展经济的前提和条件，发展经济是保护环境的基础和保证。要切实把环境规划的指标、环境技术政策、环境保护投入以及环境污染防治和生态环境建设项目纳入国民经济与社会发展规划，这是协调环境与社会经济关系不可缺少的手段。同时，以环境规划为依据，编制环境保护年度计划，把规划中所确定的环境保护任务、目标进行分解、落实，使之成为可实施的年度计划。

(2) 强化环境规划实施的政策与法律的保障。

政策与法律是保证规划实施的重要方面，尤其是在一些经济政策中，逐步体现环境保护的思想和具体规定，将规划结合到经济发展建设中，是推进规划实施的重要保障。

(3) 多方面筹集环境保护资金。

把环境保护作为全社会的共同责任。一方面，政府要积极推动落实 "污染者负担" 原则，工厂、企业等排污者要积极承担污染治理的责任，同时政府要加大对公共环境建设的投入，鼓励社会资金投入环境保护基础设施建设。通过多种途径筹集环境保护建设资金，确保环境保护的必要资金投入。

(4) 实行环境保护的目标管理。

环境规划是环境管理制度的先导和依据，而管理制度又是环境规划的实施措施与手段。

要把环境规划目标与政府和企业领导人的责任制紧密结合起来。

(5) 强化环境规划的组织实施，进行定期检查和总结。

组织管理是对规划实施过程的全面监督、检查、考核、协调与调整，环境规划管理的手段主要是行政管理、协调管理和监督管理，建立与完善组织机构，建立目标责任制，实行目标管理，实行目标定量考核，保证规划目标的实现。

复习和思考

1. 什么是环境规划？它的作用体现在哪些方面？
2. 制定环境规划时必须遵循哪些原则？
3. 为什么污染防治规划是我国当前环境规划的重点？
4. 编制环境规划的基本程序主要包括哪些步骤？

第9章 环 境 法

9.1 概 述

9.1.1 环境法的定义

环境法或称环境立法，是 20 世纪 60 年代以来才逐步产生和发展起来的新兴法律，其名称往往因"国"而异，例如，中国一般称为"环境保护法"，日本称为"公害法"，欧洲各国称为"污染控制法"，美国称为"环境法"等。至于其定义也并不统一，但可以将其概括为：为了协调人类与自然环境之间的关系，保护和改善环境资源并进而保护人体健康和保障经济社会的可持续发展，而由国家制定或认可并由国家强制力保证实施的调整人们在开发、利用、保护和改善环境资源的活动中所产生的各种社会关系的行为规范的总称。该定义主要包括以下几个方面的含义。

(1) 环境法的目的是通过防治环境污染和生态破坏，协调人类与自然环境之间的关系，保证人类按照自然客观规律特别是生态学规律开发、利用、保护和改善人类赖以生存和发展的环境资源，维护生态平衡，保护人体健康和保障经济社会的可持续发展。

(2) 环境法产生的根源是人与自然环境之间的矛盾，而不是人与人之间的矛盾，其调整对象是人们在开发、利用、保护和改善环境资源，防治环境污染和生态破坏的生产、生活或其他活动中所产生的环境社会关系。通过直接调整人与人之间的环境社会关系，促使人类活动符合生态学规律及其他自然客观规律，从而间接调整人与自然界之间的关系。

(3) 环境法是由国家制定或认可并由国家强制力保证实施的法律规范，是建立和维护环境法律秩序的主要依据。由国家制定或认可，具有国家强制力和概括性、规范性，是法律属性的基本特征。这一特征使得环境法同社团、企业等非国家机关制定的规章制度区别开来，也同虽由国家机关制定，但不具有国家强制力或不具有规范性、概括性的非法律文件区别开来。同时，环境法以明确、普遍的形式规定了国家机关、企事业单位、个人等法律主体在环境保护方面的权利、义务和法律责任，建立和保护人们之间环境法律关系的有条不紊状态，人们只有遵守和切实执行环境法，良好的环境法律秩序才能得到维护。

9.1.2 环境法的目的、功能与地位

环境法产生与发展的根本原因在于环境问题的严重化以及强化国家环境管理职能的需要，并因各个国家国情的不同而各具特色。但纵观各国环境法的目的、任务和功能，其法律规定又往往具有相似性，大都同时兼顾环境效益、经济效益和社会效益等多个目标，强调在保护和改善环境资源的基础上，保护人体健康和保障经济社会的可持续发展。例如，《中华人民共和国环境保护法》(1989 年)第一条规定："为保护和改善生活环境和生态环境，防治污染和其他公害，保障人体健康，促进社会主义现代化建设的发展，制定本法"，美国

《国家环境政策法》(1969 年)规定其目的在于防止环境恶化，保护人体健康，使人口和资源使用平衡，提高人民生活水平和舒适度，提高再生资源的质量，使易枯竭资源达到最高程度的再利用等。此外，也有个别国家(如日本和匈牙利等)，法律规定其环境法的唯一目的和任务是保护环境资源、保障人体健康，即放弃经济优先的思想，强调对人体健康和环境利益的绝对保护。

由于环境法的保护对象是整个人类环境和各种环境要素、自然资源，再加上环境法本身不仅要符合技术、经济、社会等方面的状况、要求，而且还必须遵循自然客观规律，特别是生态学规律。因此，环境法的实施过程，实质上就是以国家强制力为后盾，通过行政执法、司法、守法等多个环节来调整人与人之间的社会关系，使人们的活动特别是经济活动符合生态学等自然客观规律，从而协调人类与自然环境之间的关系，使人类活动对环境资源的影响不超出生态系统可以承受的范围，使经济社会的发展建立在适当的环境资源基础之上，实现可持续发展。也可以说，在现代国家行使其管理职能必须坚持"依法治国"、"依法行政"的基本原则之下，环境管理就是依据环境法的规定，对与环境资源的开发、利用、保护和改善等有关的事项进行监管和调控的活动。由此可见环境法在保护环境资源、实施可持续发展战略中的极端重要性。而联合国《21 世纪议程》对包括环境法在内的法律规范在实现可持续发展过程中的重要性和必要性也作出了精辟的概括，指出"在使环境与发展的政策转化为行动的过程中，国家的法律和规章是最重要的工具，它不仅通过'命令和控制'的手段予以执行，而且还是经济计划和市场工具的一个框架"。因此，各国"必须发展和执行综合的、有制裁力的有效法律和条例"《中国 21 世纪议程——中国 21 世纪人口、环境与发展白皮书》也进一步强调："与可持续发展有关的立法是可持续发展战略和政策定型化、法制化的途径，与可持续发展有关的立法实施是把可持续发展战略付诸实现的重要保障。在今后的可持续发展战略和重大行动中，有关法律和法规的实施占重要地位。"

9.2 环境法的基本原则

环境法的基本原则是以保护环境、实施可持续发展为目标，以环境保护法的基本理念为基础，以现代科学技术和知识为背景所形成的贯穿于环境立法和执法的基础性和根本性准则。环境法所确立的基本原则，是环境法本质的反映，是实行环境法制管理的指导方针，是环境立法、执法和守法都必须遵循的基本原则，是贯穿于环境法的灵魂。

环境法的基本原则的表现形式可以是直接明文规定于环境立法之中，也可以是间接表现在一个或几个具体的法律条文规定中。环境法的基本原则是在一定时期内根据环境问题的特点以及对环境问题及其解决方法的认识的基础上形成的，各国环境法的基本原则因国情和法制的不同在取舍和侧重上有所不同，但核心都是环境保护的理念。根据我国宪法规定的精神，结合我国环境法制建设的实践，我国环境法的基本原则有以下几项。

1. 环境保护与经济建设、社会发展相协调的原则

《中华人民共和国环境保护法》第四条明确规定："国家制定的环境保护规划必须纳入

国民经济和社会发展计划，国家采取有利于环境保护的经济、技术政策和措施，使环境保护同经济建设和社会发展相协调。"

2. 预防为主、防治结合的原则

预防为主、防治结合的原则是贯穿于我国环境保护基本法和环境保护单行法的基本原则。所谓预防为主是指在国家环境管理中通过计划、规划及其他各种环境管理手段，刺激或强制要求污染者采取必要的防范性措施，尽可能防止环境污染和损害的发生。所谓防治结合是指在采取防范性措施的同时，还应当对那些难以避免的环境污染和破坏采取治理措施。

3. 开发者养护、污染者治理的原则

开发者养护、污染者治理的原则是使有关造成环境污染和破坏的单位或个人承担责任的一项基本原则。根据这一原则，所有对环境和资源进行开发和利用的单位和个人应承担环境和资源的恢复、整治和养护的责任，所有排放废物、造成环境污染和破坏的单位或个人应承担污染源治理、环境整治的责任。

4. 协同合作原则

协同合作原则是指以可持续发展为目标，在国家内部各部门之间、在国际社会国家(地区)之间重新审视原有利益的冲突，实行广泛的技术、资金和情报交流与援助，联合处理环境问题。协同合作原则要求国际社会和国家内部各部门的协同合作。

5. 奖励与惩罚相结合的原则

奖励与惩罚相结合的原则，在我国环境保护法的若干条文中都有所体现，它是指在环境保护工作中，运用经济和法律手段对为环境保护作出显著贡献和成绩的单位和个人给予精神和物质方面的奖励；对违反环境法规、污染和破坏环境、危害人民身体健康的单位和个人分不同情况依法追究行政责任、民事责任或者刑事责任。

6. 公众参与原则

公众参与原则是指在环境保护领域里，公民有权通过一定的程序或途径参与一切与环境利益相关的决策活动，使得该项决策符合广大公民的切身利益。

7. 政府对环境质量负责的原则

环境保护是一项涉及政治、经济、技术、社会各个方面的复杂而又艰巨的任务，是我国的基本国策，关系到国家和人民的长远利益。一个地区环境质量如何，除了自然因素外，还与该地区的社会经济发展密切相关，涉及各个方面。如社会经济发展计划、城市规划、生产力布局、能源结构、产业结构和政策、人口政策等，这些工作涉及政府的许多部门。所以保护好环境是一个事关全局的问题，是一个综合性很强的问题，只有政府才有这样的职能解决它。《中华人民共和国环境保护法》明确规定："地方各级人民政府应当对本辖区的环境质量负责，采取措施改善环境质量。"政府对环境质量负责，就是要求政府采取各种有效措施，协调方方面面的关系，保护和改善本地区的环境质量，实现国家制定的环境目标。

9.3 环境法体系

9.3.1 环境法体系的概念

环境法体系是由一国现行的有关保护和改善环境与自然资源、防治污染和其他公害的各种规范性文件所组成的相互联系、相辅相成、协调一致的法律规范的统一体。它包括有关保护环境和自然资源、防治污染和其他公害的实体法律规范、程序法律规范和有关环境管理的法律规范，也包括环境标准、技术监测等方面的技术性的法律规范。

我国现阶段的环境立法孕育于1949年新中国成立至1973年全国第一次环境保护会议，经历了艰难的初步发展时期，虽然在我国各部门立法中，环境立法成为独立的法律部门和形成比较完善的法律体系起步较晚，但是从1979年《中华人民共和国环保法(试行)》的颁布实施开始，环境立法得以迅速发展。迄今为止，据不完全统计，我国已制定环境法律6部，资源保护法律9部，环境行政法规28件，环境规章70余件，地方环境法规和规章900余件，同时还制定了大量的环境标准，截止到1999年年底，已有环境保护国家标准361项，行业标准66项，因此我国环境法规体系已初具规模并日趋完善。

9.3.2 我国环境法体系的构成

我国的环境法体系是以宪法关于环境保护的法律规定为基础，以环境保护基本法为主干，由保护环境、防治污染的一系列单行法规、相邻部门法中有关环境保护的法律规范、环境标准、地方环境法规以及涉外环境保护的条约协定所构成。具体结构框架如图9.1所示。

1. 宪法中关于环境保护的法律规定

宪法是国家的根本大法。宪法关于保护环境资源的规定在整个环境法体系中具有最高法律地位和法律权威，是环境立法的基础和根本依据。包括我国在内的许多国家在宪法中都对环境保护作了原则性规定。如《宪法》第九条规定："矿藏、水流、森林、山岭、草原、荒地、滩涂等自然资源，都属于国家所有，即全民所有；由法律规定属于集体所有的森林和山岭、草原、荒地、滩涂除外。国家保障自然资源的合理利用，保护珍贵的动物和植物。禁止任何组织或者个人用任何手段侵占或者破坏自然资源。"第十条规定："城市的土地属于国家所有。农村和城市郊区的土地，除由法律规定属于国家所有的以外，属于集体所有；宅基地和自留地、自留山，也属于集体所有。国家为了公共利益的需要，可以依照法律规定对土地实行征用。任何组织或者个人不得侵占、买卖、出租或者以其他形式非法转让土地；一切使用土地的组织和个人必须合理地利用土地。"第二十二条第二款规定："国家保护名胜古迹、珍贵文物和其他重要历史文化遗产。"第二十六条规定："国家保护和改善生活环境和生态环境，防治污染和其他公害。国家组织和鼓励植树造林，保护林木。"

2. 环境保护基本法

环境保护基本法是环境法体系中的主干，除宪法外占有核心地位。环境保护基本法是一种实体法与程序法结合的综合性法律。对环境保护的目的、任务、方针政策、基本原则、基本制度、组织机构、法律责任等作了主要规定。

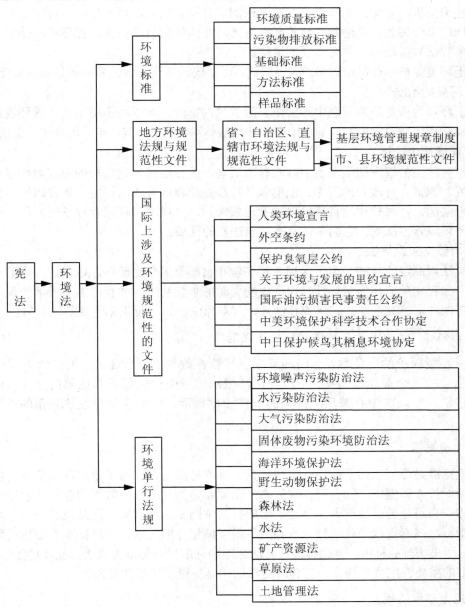

图 9.1　我国环境法体系示意图

我国的《中华人民共和国环境保护法》、美国的《国家环境政策法》、日本的《环境基本法》等都是环境保护的综合性法律。这些法律通常对环境法的基本问题，如适用范围、组织机构、法律原则与制度等作出了原则规定。因此，它们居于基本法的地位，成为制定环境保护单行法的依据。

3. **环境保护单行法规**

环境保护单行法是针对特定的环境保护对象(如某种环境要素)或特定的人类活动(如基本建设项目)而制定的专项法律法规。如《水污染防治法》、《大气污染防治法》等。相对于基本法——母法来说，也可称它们为子法。这些专项的法律法规，通常以宪法和环境保护基本法为依据，是宪法和环境保护基本法的具体化。因此，环境保护单行法的有关规定一般都比较具体细致，是进行环境管理、处理环境纠纷的直接依据。在环境法体系中，环境保护单行法数量最多，占有重要的地位。

由于环境保护单行法数量多，内容广泛，可以按其调整环境关系的差异而作如下分类。

1) 污染防治法

由于环境污染是环境问题中最突出、最尖锐的部分，所以污染防治是我国环境法体系的主要部分和实质内容所在，基本上属小环境法体系，如水、气、声、固废等污染防治法。

2) 环境行政法规

国家对环境的管理通常表现为行政管理活动，并且通过制定法规的形式对环境管理机构的设置、职责、行政管理程序、制度以及行政处罚程序等作出规定，如我国的《自然保护区管理条例》、《建设项目环境保护管理条例》、《风景名胜区管理条例》等。这些法规都属于环境管理法规，它们多数具有行政法规的性质。

3) 自然资源保护法

这类法规制定的目的是为了保护自然环境和自然资源免受破坏，以保护人类的生命维持系统，保存物种遗传的多样性，保证生物资源的永续利用。如我国的《土地管理法》、《矿产资源法》、《水法》、《森林法》、《草原法》、《野生动物保护法》等。

4. 相邻部门法中关于环境保护的法律规范

由于环境保护的广泛性，专门环境立法尽管在数量上十分庞大，但仍然不能对涉及环境的社会关系全部加以调整。所以我国环境法体系中也包括了其他部门法如民法、刑法、经济法、行政法中有关环境保护的一些法律规范，它们也是环境法体系的重要组成部分。

5. 环境标准

环境标准是环境法体系的特殊组成部分。环境标准是国家为了维护环境质量，控制污染，从而保护人体健康、社会财富和生态平衡而制定的具有法律效力的各种技术指标和规范的总称。它不是通过法律条文规定人们的行为规则和法律后果，而是通过一些定量化的数据、指标、技术规范来表示行为规则的界限以调整环境关系。环境标准主要包括环境质量标准、污染物排放标准、基础标准、方法标准和标准样品标准五大类。在环境法体系中，环境标准的重要性主要体现在，它为环境法的实施提供了数量化基础。

6. 地方环境法规

由于环境问题受各地的自然条件和社会条件等因素的影响很大，因地制宜地制定地方性环境保护法规规章，有利于对环境进行更好、更全面、更合理的管理。因此，这些地方性环境法规也是我国环境法体系的重要组成部分，它对于有效贯彻实施国家环境法规，丰富完善我国环境法体系的内容，具有重要的理论和实践的意义。

7. 涉外环境保护的条约协定

国际环境法不是国内法，不是我国环境法体系的组成部分。但是我国缔结参加的双边与多边的环境保护条约协定，是我国环境法体系的组成部分。如中日保护候鸟及其栖息环境协定、保护臭氧层公约、联合国气候变化框架公约、生物多样性公约、联合国防

止荒漠化公约、濒危野生动植物物种国际贸易公约、防止倾倒废物和其他物质污染海洋公约、控制危险废物越境转移及其处置巴塞尔公约等。

9.4 环境法律责任

所谓环境法律责任是指环境法主体因违反其法律义务而应当依法承担的、具有强制性的否定性法律后果，按其性质可以分为环境行政责任、环境民事责任和环境刑事责任3种。

9.4.1 环境行政责任

环境行政责任是环境法律责任中最轻的一种，是指违反环境保护法的行为人所应承担的行政方面的法律责任，这种法律责任又可分为行政处分和行政处罚两类。

1. 行政处分

行政处分是指国家机关、企业、事业单位依照行政隶属关系，根据有关法律法规，对在保护和改善环境、防治污染和其他公害中有违法、失职行为，但尚不够刑事惩罚的所属人员的一种制裁。

环境保护法规定的行政处分，主要是对破坏和污染环境，危害人体健康、公私财产的有关责任人员适用。如《中华人民共和国环境保护法》第三十八规定："对违反本法规定，造成环境污染事故的企业、事业单位，由环境保护行政主管部门或者其他依照法律规定行使环境监督管理权的部门根据所造成的危害后果处以罚款；情节较重的，对有关责任人员由其所在单位或者政府主管机关给予行政处分。"此外《中华人民共和国水污染防治法》、《中华人民共和国大气污染防治法》、《中华人民共和国固体废物污染环境防治法》、《中华人民共和国噪声污染防治法》等都作了类似规定。

行政处分由国家机关或单位依据上述法律或内部规章对其下属人员实施，包括警告、记过、记大过、降级、降职、开除留用、开除7种。

2. 行政处罚

行政处罚是行政法律责任的一个主要类型，它是指国家特定的行政管理机关依照法律规定的程序，对犯有轻微的违法行为者所实施的一种处罚，是行政强制的具体表现。行政处罚的对象是一切违反环境法律法规，应承担行政责任的公民、法人或者其他组织。行政处罚的依据是国家的法律、行政法规、行政规章、地方性法规。行政处罚的形式由各项环境保护法律、法规或者规章，根据环境违法行为的性质和情节规定。就环境法来说主要是警告、罚款、没收财物、取消某种权利、责令支付整治费用和消除污染费用、责令赔偿损失、剥夺荣誉称号等。

9.4.2 环境民事责任

所谓环境民事责任，是指公民、法人因污染或破坏环境而侵害公共财产或他人人身权、财产权或合法环境权益所应当承担的民事方面的法律责任。

《中华人民共和国环境保护法》规定："造成环境污染危害的，有责任排除危害，并对直接受到损害的单位或者个人赔偿损失。"《中华人民共和国水污染防治法》、《中华人民共和国大气污染防治法》、《中华人民共和国固体废物污染环境防治法》、《中华人民共和国环境噪声污染防治法》等都作了类似规定，这些都是环境民事责任的法律依据。

在人们行为中只要有污染和破坏环境的行为，并造成了损害后果，损失的行为与损害后果之间存在着因果关系就要承担环境民事责任。

环境民事责任的种类主要有排除侵害、消除危险、恢复原状、返还原物、赔偿损失和收缴、没收非法所得及进行非法活动的器具、罚款等。

根据环保法律、法规规定，因污染危害环境而引起的赔偿责任和赔偿金额的纠纷解决程序主要有两种：一种是根据当事人请求，由环境监督管理部门或其他有关部门进行调解解决；另一种是由当事人向人民法院提起民事诉讼。

9.4.3 环境刑事责任

所谓环境刑事责任是指因故意或者过失违反环境法，造成严重的环境污染和环境破坏，使人民健康受到严重损害者应当承担的以刑罚为处罚形式的法律责任。

《中华人民共和国刑法》及《中华人民共和国环境保护法》所规定的主要环境处罚有两种形式：一种是直接引用刑法和刑法特别法规；另一种是采用立法类推的形式。《中华人民共和国环境保护法》、《中华人民共和国水污染防治法》、《中华人民共和国大气污染防治法》、《中华人民共和国固体废物污染环境防治法》、《中华人民共和国环境噪声污染防治法》等均有依法追究刑事责任、比照或依照《中华人民共和国刑法》某种规定追究刑事责任的条款。

1997年3月14日全国人大五次会议通过了《中华人民共和国刑法》修正案。

修订后的《中华人民共和国刑法》从原来的192条增加为452条，并在分则第六章中增加了第六节，专节规定了破坏环境资源保护罪，这将更有利于制裁污染破坏环境和资源的罪犯，有利于遏制我国环境整体仍在恶化的趋势，这可以说是我国惩治环境犯罪立法的一大突破。

修订后的《中华人民共和国刑法》除了上述专门的破坏环境资源保护罪的规定外，在危害公共安全罪、走私罪、渎职罪中还有一些涉及环境和资源犯罪的规定。主要有放火烧毁森林罪、投毒污染水源罪，可依《中华人民共和国刑法》第一百一十四条追究刑事责任；违反化学危险物品管理规定罪，可依《中华人民共和国刑法》第一百三十六条追究刑事责任；走私珍贵动物及其制品罪，走私珍贵植物及其制品罪，可依《中华人民共和国刑法》第一百五十一条追究刑事责任；非法将境外固体废物运输进境罪，可依《中华人民共和国刑法》第一百五十五条追究刑事责任；而林业主管部门工作人员超限额发放林木采伐许可证、滥发林木采伐许可证罪，环境保护监督管理人员失职导致重大环境污染事故罪，国家机关工作人员非法批准征用、占用土地罪，则分别依照《中华人民共和国刑法》第四百零七条、四百零八条、四百一十条追究刑事责任。

对于污染环境罪的制裁，最低为3年以上有期徒刑或者拘役，最高为10年以上有期徒刑。对于破坏资源罪的制裁，最低为3年以上有期徒刑、拘役、管制或者罚金，最高为10年以上有期徒刑。对于走私国家禁止进出口的珍贵动物及其制品、珍稀植物及其制品罪的制裁，最低为 5 年以上有期徒刑，最高为无期徒刑或者死刑。单位犯破坏环境资源保护罪，对单位判处罚金并对直接负责的主管人员和其他直接责任人员进行处刑。我国修订后的刑法对破坏环境资源罪在刑罚上增加了刑种和量刑的档次，提高了法定最高刑。

复习和思考

1. 什么是环境法？环境法包括哪几方面的含义？
2. 试述我国环境法制定的原则。
3. 什么是环境法体系？我国环境法体系是怎样构成的？
4. 什么是环境法律责任？环境法律责任主要有几种类型？

第 10 章 环 境 管 理

环境管理是在环境保护的实践中产生，并在实践中不断发展起来的。随着环境问题的出现不断对环境管理提出新的挑战，环境管理已逐渐形成了自己的学科——环境管理学。因此，环境管理往往包括两层含义：一是把环境管理当成一门学科看待，它是研究环境问题、预防环境污染、解决环境危害、协调人类与环境冲突的学问；二是把环境管理当成一个工作领域看待，它是环境保护工作的一个最重要的组成部分，是政府环境保护行政主管部门的一项最重要的职能。

10.1 概 述

10.1.1 环境管理的概念

环境管理目前没有统一公认的概念。随着人类关于环境问题认识的发展和环境管理实践的深化，环境管理的概念和内涵也发生了很大变化。

(1) 根据《环境科学大辞典》，环境管理有两种含义：①从广义上讲，环境管理是指在环境容量的允许下，以环境科学的理论为基础，运用技术的、经济的、法律的、教育的和行政的手段，对人类的社会经济活动进行管理；②从狭义上讲，环境管理是指管理者为了实现预期的环境目标，对经济、社会发展过程中施加给环境的污染和破坏性影响进行调节和控制，以实现经济、社会和环境效益的统一。

(2) 叶文虎(2000 年)认为，环境管理是"通过对人们自身思想观念和行为进行调整，以求达到人类社会发展与自然环境的承载能力相协调。也就是说，环境管理是人类有意识的自我约束，这种约束通过行政的、经济的、法律的、教育的、科技的手段来进行，它是人类社会发展的根本保障和基本内容"。

(3) 朱庚申(2000 年)认为，环境管理是指"依据国家的环境政策、环境法律、法规和标准，坚持宏观综合决策与微观执法监督相结合，从环境与发展综合决策入手。运用各种有效管理手段，调控人类的各种行为，协调经济、社会发展同环境保护之间的关系，限制人类损害环境质量的活动以维护区域正常的环境秩序和环境安全，实现区域社会可持续发展的行为总体。其中，管理手段包括法律、经济、行政、技术和教育 5 个手段，人类行为包括自然、经济、社会 3 种基本行为"。

总的来说，可以从以下几方面理解环境管理的概念。

(1) 环境管理首先是对人的管理。广义上，环境管理包括一切为协调社会经济发展与保护环境的关系而对人类的社会经济活动进行自我约束的行动。狭义上，环境管理是指管理者为控制人类社会经济活动中产生的环境污染和生态破坏进行的各种调节和控制。

(2) 环境管理主要是要解决次生环境问题，即由人类活动造成的各种环境问题。

(3) 环境管理是国家管理的重要组成部分，涉及社会经济生活的各个领域，其管理内容广泛而复杂，管理手段包括法律手段、经济手段、行政手段、技术手段和教育手段等。

10.1.2 环境管理的目的和任务

1. 环境管理的目的

环境管理的目的是要解决环境问题，协调社会经济发展与保护环境的关系，实现人类社会的可持续发展。

环境问题的产生伴随社会经济的迅速发展而变得日益严重，根源在于人类的思想和观念上的偏差，从而导致人类社会行为的失当，最终使自然环境受到干扰和破坏。因此，改变基本思想观念，从宏观到微观对人类自身的行为进行管理，逐步恢复被损害的环境，并减少或消除新的发展活动对环境的破坏，保证人类与环境能够持久地、和谐地协同发展下去，这是环境管理的根本目的。具体地说，环境管理就是要创建一种新的生产方式、新的消费方式、新的社会行为规则和新的发展方式。

2. 环境管理的基本任务

环境问题的产生有思想观念层次和社会行为层次这两个层次的原因。为了实现环境管理的目的，环境管理的基本任务有两个：一是转变人类社会的一系列基本观念；二是调整人类社会的行为。

(1) 观念的转变是解决环境问题最根本的办法，它包括消费观、自然伦理道德观、价值观、科技观和发展观直到整个世界观的转变。这种观念的转变将是根本的、深刻的，它将带动整个人类文明的转变。应该承认，只靠环境管理是不可能完成这种转变的，但是环境管理可以通过建设环境文化来帮助转变观念。环境管理的任务之一就是要指导和培育这样一种文化，环境文化是以人与自然和谐为核心和信念的文化，环境文化渗透到人们的思想意识中去，使人们在日常的生活和工作中能够自觉地调整自身的行为，以达到与自然环境和谐的境界。

(2) 调整人类社会的行为，是更具体也更直接的调整。人类社会行为主要包括政府行为、市场行为和公众行为3种。政府行为是指国家的管理行为，如制定政策、法律、法令、发展计划并组织实施等。市场行为是指各种市场主体包括企业和生产者个人在市场规律的支配下，进行商品生产和交换的行为。公众行为则是指公众在日常生活中如消费、居家休闲、旅游等方面的行为。这3种行为都可能会对环境产生不同程度的影响。所以说，环境管理的主体和对象都是由政府行为、市场行为、公众行为所构成的整体或系统。对这3种行为的调整可以通过行政手段、法律手段、经济手段、教育手段和科技手段来进行。

环境管理的两项任务是相互补充、相辅相成的。环境文化的建设对解决环境问题能够起到根本性的作用，但是文化的建设是一项长期的任务，短期内解决环境问题的效果并不明显；行为的调整可以比较快地见效，而且行为的调整可以促进环境文化的建设。所以说，环境管理中，应同等程度地重视这两项工作，不能有所偏废。

10.1.3 环境管理的对象

环境问题主要由人类的社会经济活动产生，所以，要解决环境问题，应该对人类的社会经济活动进行引导并加以约束。因此，"人"作为社会经济活动的主体，是环境管理的对象。值得注意的是，这里说的"人"，不止包括自然人，也包括法人。一般来说，人类社会经济活动的主体主要包括以下3个。

1. 个人

个人的社会经济活动，主要是指其消费活动，即作为个体的人为了满足自身生存和发展的需要，通过生产劳动或购买去获得用于消费的物品和服务。其中消费品既可以直接从环境中获得，也可以通过市场购买来获得。在消费这些物品的过程中或在消费以后，将会产生各种各样的废弃物，并以不同的形态和方式进入环境，从而对环境产生各种负面影响。消费活动对环境可能造成的影响包括：消费品的包装物，消费过程中对消费品进行加工处理过程产生的废弃物，消费品使用后作为废弃物进入环境。

对个人行为进行环境管理，主要是要提高公众的环境意识，并采取各种政策措施引导和规范消费者行为，建立合理的消费模式。

2. 企业

企业作为社会经济活动的主体，其主要目标通常是通过向社会提供物质性产品或服务来获得利润。但是，无论企业的性质有何不同，在它们的生产过程中，都要向自然界索取自然资源，并将其作为原材料投放到生产活动中，同时排放出一定数量的污染物。所以，企业的生产活动，特别是工业企业的生产活动，会对环境系统的结构、状态和功能产生负面影响。例如，我国工业企业所排放的废水就占全国废水排放总量的60%。

对企业行为进行环境管理，包括技术、行政、经济等措施，例如，制定严格的环境标准，限制企业的排污量；实行环境影响评价制度，禁止过度消耗自然资源、严重污染环境的建设项目；运用各种经济刺激手段，鼓励清洁生产，支持和培育与环境友好的产品的生产等。更为重要的是，要从企业文化的建设，包括企业道德的教育入手，从内部减少或消除造成环境压力的因素，从外部形成一个使其难以用破坏环境的办法来获利的社会运行机制的氛围，营造有利于使与环境协调、和谐的企业行为、技术发明得到较高回报的市场条件。

3. 政府

政府作为社会行为的主体，其活动主要包括：①作为投资者为社会提供公共消费品和服务，如供水、供电、交通、文教等公共事业等；②掌握国有资产和自然资源的所有权，以及对自然资源开发利用的经营和管理权；③有权运用行政和政策手段对国民经济实行宏观调控和引导，其中包括政府对市场的政策干预。

不论是进行提供商品和服务的活动，还是对市场进行宏观调控，政府的行为都会对环境产生一定的影响。特别值得注意的是，宏观调控对环境所产生的影响牵涉面广且影响深远，而且宏观调控与其环境影响的关系又常常不易察觉。政府必须实行科学化的宏观决策，以减少政府行为所造成和引发的环境问题。

10.1.4 环境管理的内容

环境管理的内容取决于环境管理的目标。环境管理的根本目标是协调发展与环境的关系，涉及人口、经济、社会、资源和环境等重大问题，关系到国民经济的各个方面，因此决定了其管理内容必然是广泛的、复杂的。

政府是环境管理的对象，同时它又是最重要的环境管理者。从政府环境管理的角度来讲，环境管理的内容主要包括以下两方面。

1. 环境质量管理

所谓"环境质量"是指在特定的环境中，环境总体或各要素对人群的生存繁衍以及社会经济发展影响的优劣程度或适宜程度。环境质量通常分为空气环境质量、水环境质量、声音环境质量、土壤环境质量等。评价环境质量优劣的基本依据是环境质量标准，环境质量标准是为保护人群健康和公私财产而对环境中污染物(或有害因素)的容许含量所作的规定。

中国政府规定不同功能区的环境质量要达到不同的标准。以空气环境质量为例，我国国家标准《环境空气质量标准》规定：自然保护区、风景名胜区和其他需要特殊保护的地区应达到国家空气环境质量一级标准；城镇规划中已经确定的居民区、商业交通居民混合区、文化区、一般工业区和农村地区应达到二级标准；特定的工业区应达到三级标准等。《环境空气质量标准》中规定了各种污染物的浓度，如二氧化硫的日平均浓度低于 $0.05\ mg/m^3$ 时为一级，在 $0.05\sim0.15\ mg/m^3$ 范围内为二级，在 $0.15\sim0.25\ mg/m^3$ 范围内为三级。

环境质量管理主要是针对环境污染问题进行的管理活动。根据环境要素的不同，环境质量管理的内容可以进一步划分为空气环境质量管理、水环境质量管理、声音环境质量管理、土壤环境质量管理和固体废弃物环境管理等。

2. 生态环境管理

所谓"生态环境"是指在不同的时间域和空间域中，由各要素以不同的结构形式联系在一起，具有一定状态的自然环境，它是人类赖以生存、发展的基础。自然环境要素主要包括空气、水、生物、矿物、气候等，这些自然要素被人类利用并产生经济价值时，即可成为自然资源。

人类的经济社会活动超过一定强度时，就会引起自然环境中的要素及其结构、状态发生变化，即物质、能量和信息的流动状况发生改变，而这些变化可能是对人类的生存和发展不利的。所以，人类有必要管理好自己在生态环境中的参与行为，也就是进行生态环境管理。在生态环境管理中，重点是对自然环境的要素(自然资源)进行管理。

对于可再生资源来说，目前面临的主要问题是人类对它的开发利用速度远远超过它们的再生速度，以致使可再生资源的基地不断萎缩，甚至濒临灭绝。因此，对可再生资源管理的目标是确保人类对可再生资源的开发利用速度不超过其再生速度，包括对水资源的合理开发利用，维护生物物种、遗传基因和生态系统多样性，拯救濒危的动植物资源等。

对于不可再生资源来说，目前面临的主要问题是人类对它的开发利用数量呈指数规律增长，使得一些不可再生资源将在可预见的时期内将被消耗殆尽，影响到后代人的发展需要，而且不可再生资源是自然生态系统中不可缺少的环节，它的枯竭将意味着整个自然生态系统的崩溃。因此，对不可再生资源管理的目标是提高不可再生资源的利用率，尽可能减缓不可再生资源的消耗速度，以便使人类有足够的时间进行技术体系的调整，保证自然生态系统不致崩溃，包括各种节能减耗技术的开发与利用、新能源的开发与利用、矿产资源的合理开发与利用及替代品的生产等。

10.2　环境管理的手段

进行环境管理必须采取强有力的手段，才能收到良好的效果，主要手段有以下几个方面。

10.2.1　行政手段

行政手段主要指国家和地方各级行政管理机关，根据国家行政法规所赋予的组织和指挥权利，制定方针、政策，建立法规，颁布标准，进行监督协调，对环境资源保护工作实施行政决策和管理。如环境管理部门组织制定国家和地方的环境保护政策、工作计划和环境规划，并把这些计划和规划报请政府审批，使之具有行政法规效力；运用行政权利对某些区域采取特定措施，如划分自然保护区，重点污染防治区，环境保护特区等；对一些污染严重的工业、交通、企业要求限期治理，甚至勒令其关、停、并、转、迁；对易产生污染的工程设施和项目，采取行政制约的方法，如审批开发建设项目的环境影响评价书，审批新建、扩建、改建项目的"三同时"设计方案，发放与环境保护有关的各种许可证，审批有毒有害化学品的生产、进口和使用；管理珍稀动植物物种及其产品的出口贸易事宜。

10.2.2　法律手段

法律手段是环境管理的一种强制性手段，依法管理环境是控制并消除污染，保障自然资源合理利用，并维持生态平衡的重要措施。环境管理一方面要靠立法，把国家对环境保护的要求、做法，全部以法律形式固定下来，强制执行；另一方面还要靠执法，环境管理部门要协助和配合司法部门对违反环境保护法律的犯罪行为进行斗争，协助仲裁；按照环境法规、环境标准来处理环境污染和环境破坏问题，对严重污染和破坏环境的行为提起公诉，甚至追究法律责任；也可依据环境法规对危害人民健康、财产，污染和破坏环境的个人或单位给予批评、警告、罚款或责令赔偿损失等。我国自20世纪80年代开始，从中央到地方颁布了一系列环境保护法律、法规。目前，已初步形成了由国家宪法、环境保护基本法、环境保护单行法规、其他部门法中关于环境保护的法律规范、环境标准、地方环境法规以及涉外环境保护的条约、协定等所组成的环境保护法体系。所以我国环境管理有法可依，执法必严，违法必究。

10.2.3　经济手段

经济手段是利用价值规律，运用价格、税收、信贷等经济杠杆，控制生产者在资源开发中的行为，以便限制损害环境的社会经济活动，奖励积极治理污染的单位，促进节约和合理利用资源，充分发挥价值规律在环境管理中的杠杆作用。其方法主要包括各级环境管理部门对积极防治环境污染而对在经济上有困难的企业、事业单位发放环境保护补助资金；对排放污染物超过国家规定标准的单位，按照污染物的种类、数量和浓度征收排污费；对违反规定造成严重污染的单位和个人处以罚款；对排放污染物损害人群健康或造成财产损失的排污单位，责令对受害者赔偿损失；积极开展对"三废"的综合利用，对减少排污量的企业给予减免和利润留成的奖励；推行开发、利用自然资源的征税制度等。

10.2.4 技术手段

技术手段是指借助那些既能提高生产率，又能把环境污染和生态破坏控制到最小限度的先进的污染治理技术来达到保护环境目的的手段。运用技术手段实现环境管理的科学化，包括制定环境质量标准，通过环境监测、环境统计方法，根据环境监测资料以及有关的其他资料对本地区、本部门、本行业污染状况进行调查，编写环境报告书和环境公报，组织开展环境影响评价工作，交流推广无污染、少污染的清洁生产工艺及先进的污染治理技术，组织环境科研成果和环境科技情报的交流等。许多环境政策、法律、法规的制定和实施都涉及许多科学技术问题，所以环境问题解决的好坏，在极大程度上取决于科学技术。没有先进的科学技术，就不能及时发现环境问题，而且即使发现了，也难以控制。

10.2.5 宣传教育手段

宣传教育是环境管理不可缺少的手段。环境宣传既是普及环境科学知识，又是一种思想动员。通过报刊、杂志、电影、电视、广播、展览、专题讲座、文艺演出等各种文化形式广泛宣传，使公众了解环境保护的重要意义和内容，提高全民族的环境意识，激发公民保护环境的热情和积极性，把保护环境、热爱大自然、保护大自然变成自觉行动，形成强大的社会舆论，从而制止浪费资源、破坏环境的行为。环境教育可以通过专业的环境教育培养各种环境保护的专门人才，提高环境保护人员的业务水平；还可以通过基础的和社会的环境教育提高社会公民的环境意识，来实现科学管理环境以及提倡社会监督的环境管理措施。例如，把环境教育纳入国家教育体系，从幼儿园、中小学抓起，加强基础教育，搞好成人教育以及对各高校非环境专业学生普及环境保护基本知识等。

10.3 环境管理的基本制度

我国在十几年的环境管理实践中，根据具体国情，先后总结出许多项环境管理制度。推行这些环境管理制度不是目的，而只是一种手段。推行各项制度是想达到控制环境污染和生态破坏的目的，有目标地改善环境质量，实现环境保护的总原则和总目标。同时，也是环境保护部门依法行使环境管理职能的主要方法和手段。

10.3.1 环境保护规划制度

环境保护规划是对一定时间内环境保护目标、任务和措施的规定。它是在对一个城市，或一个区域、流域，甚至全国的环境进行调查、评价的基础上，根据经济规律和自然生态规律的要求，对环境保护提出目标以及达到目标要采取的相应措施，是环境决策在时空方面的具体安排。

在环境管理实践中，环境保护规划是实行各项环境保护法律基本制度的基础和先导，也是实现环境保护与环境建设和经济、社会发展相协调的有力保障，并具体体现了"三同时"的战略方针。

10.3.2 环境影响评价制度

环境影响评价又称为环境质量预断评价，或环境质量预测评价。环境影响评价是对可能影响环境的重大工程建设、区域开发建设及区域经济发展规划或其他一切可能影响环境的活动，在事先进行调查研究的基础上，对活动可能引起的环境影响进行预测和评定，为防止和减少这种影响制定最佳行动方案。

环境影响评价制度是我国规定的调整环境影响评价中所发生的社会关系的一系列法律规范的总称，它是环境影响评价的原则、程序、内容、权利义务以及管理措施的法律化。环境影响评价作为项目决策中环境管理的关键环节，20多年来，在我国对于预防污染、正确处理环境与发展的关系以及合理开发利用资源等方面都起到了重大作用。

10.3.3 "三同时"制度

"三同时"制度是指新建、改建、扩建项目和技术改造项目以及区域性开发建设项目的污染治理设施必须与主体工程同时设计、同时施工、同时投产的制度。它与环境影响评价制度相辅相成，组成防止新污染和破坏的两大"法宝"，是我国环境保护法以预防为主基本原则的具体化、制度化、规范化，是加强开发建设项目环境管理的重要措施，是防治我国环境质量恶化的有效的经济手段和法律手段。

10.3.4 排污收费制度

排污收费制度是指一切向环境排放污染物的单位和个体生产经营者，应当依照国家的规定和标准缴纳一定费用的制度。我国的排污收费制度是在20世纪70年代末期，根据"谁污染谁治理"的原则，借鉴国外经验，结合我国国情开始实行的。我国的排污收费制度规定，在全国范围内，对污水、废气、固体废物、噪声、放射性等各类污染的各种污染因子，按照一定标准收取一定数额的费用，并规定排污费可以计入生产成本，排污费专款专用，排污费主要用于补助重点排污源的治理等。

我国实行排污收费制度不是为收费，而是为防治污染、改善环境质量提供一个经济手段和经济措施。排污收费制度只是利用价值规律，通过征收排污费，给排污单位施以外在的经济压力，促进其污染治理，节约和综合利用资源，减少或消除污染物的排放，以实现保护和改善环境的目的。

10.3.5 排污申报登记与排污许可证制度

排污申报登记制度是环境行政管理的一项特别制度。凡是排放污染物的单位，须按规定向环境保护管理部门申报登记所拥有的污染物排放设施、污染物处理设施和正常作业条件下排放污染物的种类、数量和浓度。

排污许可证制度以改善环境质量为目标，以污染物总量控制为基础，规定排污单位许可排放什么污染物、许可污染物排放量、许可污染物排放去向等，是一项具有法律含义的行政管理制度。

这两项制度的实行深化了环境管理工作，使对污染源的管理更加科学化、定量化。只要采取相应的配套管理措施，长期坚持下去，不断总结完善，一定会取得更大的成效。

10.3.6　限期治理污染制度

限期治理污染制度是强化环境管理的一项重要制度。限期治理污染是以对污染源的调查、评价为基础，以环境保护规划为依据，突出重点，分期分批地对污染危害严重，群众反映强烈的污染物、污染源、污染区域采取的限定治理时间、治理内容及治理效果的强制性措施，是人民政府为了保护人民的利益对排污单位采取的法律手段，被限期的企事业单位必须依法完成限期治理任务。

在环境管理实践中执行限期治理污染制度可以提高各级领导的环境保护意识，推动污染治理工作；可以迫使地方、部门、企业把污染治理列入议事日程，纳入计划，在人、财、物方面作出安排；可以促进企业积极筹集污染治理资金；可以集中有限的资金解决突出的环境污染问题，做到少投资，见效快，有较好的环境与社会效益；可使群众反映强烈、污染危害严重的突出污染问题逐年得到解决，有利于改善厂群关系和社会的安定团结；有助于环境保护规划目标的实现和加快环境综合整治的步伐。

10.3.7　环境监测制度

环境监测制度是指在一定时间和空间范围内、间断或不间断地测定环境中污染物的含量和浓度，观察、分析其变化和对环境影响过程的工作。环境监测制度是环境监测的法律化，是围绕环境监测而建立起来的一整套规则体系。它通常由环境监测组织机构及其职责规范、环境监测方法规范、环境监测数据管理规范、环境监测报告规范等组成。

10.3.8　环境保护目标责任制度

环境保护目标责任制度是一种具体落实地方各级人民政府和有污染的单位对环境质量负责的行政管理制度。这种制度以社会主义初级阶段的基本国情为基础，以现行法律为依据，以责任制为中心，以行政制约为机制，把责任、权利、利益和义务有机地结合在一起，明确了地方政府在改善环境质量上的权利、责任和义务。

环境保护目标责任制的实施是一项复杂的系统工程，涉及面广，政策性和技术性强。它的实施以环境保护目标责任书为纽带，实施过程大体可分为4个阶段，即责任书的制定阶段、下达阶段、实施阶段和考核阶段。责任制是否真正得到贯彻执行，关键在于抓以上4个阶段。

环境保护目标责任制的推出是我国环境管理体制的重大改革，标志着我国环境管理进入了一个新的阶段。在执行过程中，要不断总结经验，使责任制在环境保护工作中发挥更大的积极作用。

10.4　我国环境管理的发展趋势

1992年召开的联合国环境与发展大会对人类必须转变发展战略、走可持续发展的道路取得了共识，世界进入可持续发展时代。在新的形势下，我国的环境管理也发生了突出的变化。

10.4.1 由末端环境管理转向全过程环境管理

末端环境管理又称为"尾部控制"，即环境管理部门运用各种手段促进或责令工业生产部门对排放的污染物进行治理或对排污去向加以限制。这种管理模式是在人类的活动已经产生了污染和破坏环境的后果后，再去施加影响。因而是被动的环境管理，不能从根本上解决环境问题。

全过程环境管理又称为"源头控制"，主要是对工业生产过程等经济再生产过程进行从源头到最终产品的全过程控制管理。运用清洁生产、生命周期评价和环境标志等手段促使节能、减耗，降低或消除污染的产生。

"工业—环境"系统的过程控制有宏观和微观两个方面。宏观过程控制是从区域部门的"工业—环境"系统的整体着眼，研究其发展、运行规律，进行过程控制。微观过程控制主要是对一个工业区的"工业—环境"系统进行过程控制，以及对工业污染源进行过程控制。

从生态方面分析，在"人类—环境"系统中，工业生产过程作为中间环节，联系着自然环境与人类消费过程，如图10.1所示，形成了一个人工与自然相结合的人类生态系统，其中人类的工业生产活动起着决定性的作用。在这个复杂的系统中，为了维持人类的基本消费水平，人类要从环境中取得资源、能源进行工业生产。当消费水平一定时，工业生产过程中的资源利用率越低，则需要从环境中取得的资源越多，而向环境排出的废物也越多。如果单位时间内从环境中取得的资源、能源的量是一定的(数量、质量不变)，利用率越低，向环境排放的废物就越多，为人类提供的消费品就越少；反之，资源利用率越高，向环境排放的废物越少，为人类提供的消费品也就越多。所以，从生态系统的要求来看，在发展生产不断提高人类消费水平的过程中，必须提高资源、能源的利用率；尽可能减少从自然环境中取得资源、能源的数量，向环境排放的废物也就必然减少；尽可能使排放的废物成为易自然降解的物质。这就需要运用生态理论对工业污染源进行全过程控制，设计较为理想的工业生态系统。

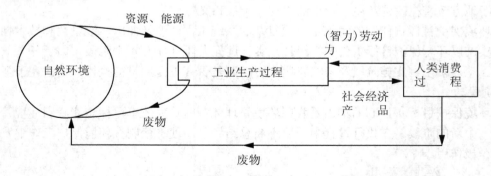

图 10.1　与工业生产过程相联系的"人类—环境"系统

推行清洁生产、实行环境标志制度，都是促进这一转变的有力措施。

10.4.2 由污染物排放浓度控制转向总量控制和生态总量控制及人类社会经济活动总量控制

污染物排放总量控制就是为了保持功能区的环境目标值，将排入环境功能区的主要污染物控制在环境容量所能允许的范围内。第四次全国环境保护会议的两项重大举措之一，就是"九五"期间实施全国主要污染物排放总量控制。该项举措对实现 2000 年的环境目标，力争使环境污染与生态破坏加剧的趋势得到基本控制，无疑是非常有力的有效环境管理措施。

但是，对于实施可持续发展战略，还不能满足需要。为了实现经济与环境的协调发展，保证经济持续快速健康地发展，建立可持续发展的经济体系和社会体系，并保持与之相适应的可持续利用的资源和环境基础，环境管理必然要扩展到对生态总量进行控制和人类经济活动和社会行为进行总量控制，并建立科学合理的指标体系，确定切实可行的总量控制目标，主要有 3 个方面。

(1) 主要污染物总量控制指标。

① 确定主要污染物。

要根据不同时期、不同情况确定必须进行总量控制的污染物。"九五"期间要求全国普遍进行总量控制的主要污染物有 12 种。

大气污染物指标(3 个)：烟尘、工业粉尘、二氧化硫。

废水污染物指标(8 个)：化学耗氧量(COD)、石油类、氰化物、砷、汞、铅、镉、六价铬。

固体废物指标(1 个)：工业固体废物排放量。

② 增产不增污(或减污)的控制指标。

该指标主要为万元产值排污量平均递减率。

(2) 生态总量控制指标。

生态总量控制指标主要有森林覆盖率、市区人均公共绿地、水土保持控制指标、自然保护区面积、适宜布局率等。

(3) 经济、社会发展总量控制指标。

经济、社会发展总量控制指标主要有人口密度、经济密度、能耗密度、建筑密度、万元产值耗水量年平均递减率、万元产值综合能耗年平均递减率、环境保护投资比等。

10.4.3　建立与社会主义市场经济体制相适应的环境管理运行机制

(1) 资源核算与环境成本核算。

把自然资源和环境纳入国民经济核算体系，使市场价格准确反映经济活动造成的环境代价。改变过去无偿使用自然资源和环境，并将环境成本转嫁给社会的做法。迫使企业面向市场的同时，努力节能减耗，降低经济活动的环境代价，降低环境成本，就是降低企业的生产成本，从而提高企业在市场经济中的竞争力。

(2) 培育排污交易市场。

按环境功能区实行污染物排放总量控制，以排污许可证或环境规划总量控制目标等形式，明确下达给各排污单位(企业或事业)的排污总量指标，要求各排污单位"自我平衡、自身消化"。企业(或事业)因增产、扩建等原因，污染物排放总量超过下达的排污总量指标时，必须削减。如果有些企业因采用无废技术、推行清洁生产以及强化环境管理、建设新的治理设施等原因，使其污染物排放总量低于下达的排污总量指标，可以将剩余的指标暂存或有偿转让，卖给排污总量超过下达的指标而又暂时无法削减的企业，这就产生了排污交易问题。培育排污交易市场有利于促进和调动企业治理污染的积极性，将企业的经济效益与环境效益统一起来。

10.4.4 建立与可持续发展相适应的法规体系

依法强化环境管理是控制环境污染和破坏的一项有效手段，也是具有中国特色的环境保护道路中的一条成功经验。当前，世界已进入可持续发展时代，我国也将可持续发展战略作为国民经济和社会发展的重要战略之一。1996 年经国务院批准的《国家环境保护"九五"计划和 2010 年远景目标》要求到 2010 年，可持续发展战略要得到较好的贯彻，环境管理法规体系进一步完善。所以，研究并建立与可持续发展相适应的法规体系，是当前和今后几年环境管理的又一发展趋势。

10.4.5 突出区域性环境问题的解决

近几年，环境管理工作在加强普遍性的污染防治工作的同时，已经开始重点解决区域性的环境问题。从 1996 年起，我国已先后将 10 个区域性环境污染防治工作列为国家环境保护工作的重点。这 10 个区域性环境污染防治工作被称为"33211"，即"三河"、"三湖"、"二区"、"一市"和"一海"。"三河"是指淮河、海河和辽河流域的水污染防治；"三湖"是指太湖、滇池、巢湖的水污染防治；"二区"是指酸雨控制区和二氧化硫污染控制区的治理；"一市"是指北京市的环境治理；"一海"是指渤海的污染治理，实施《渤海碧海行动计划》。随着我国经济、社会的发展，将有越来越多的区域性环境问题得到重视和解决。

复习和思考

1. 什么是环境管理？环境管理的内容包括哪几方面？
2. 环境管理有哪几种主要手段？
3. 我国环境管理有哪些基本制度？
4. 我国环境管理有哪些发展趋势？

第4篇 环境道德篇

第11章 环境道德

11.1 道德与环境道德

道德这个概念一般是指人们通过实践，对自己所依存的社会关系的一种自觉的反映形式，是依靠教育、传统习惯、社会舆论和内心信念的力量，调整人们之间相互关系行为规范准则的总称，它是一种社会意识形态，属于上层建筑。

道德体系包括道德原则、道德规范和道德范畴。由于道德是作为一种意识形态而存在的，所以，道德总是随着社会历史的时代条件变化而改变。每一个社会和每一个时代都有自己恪守的道德原则，都有自己遵循的道德规范，也都有自己所确认的道德范畴。道德的时代性要求人们能够与时俱进，创造适应时代发展要求的道德体系。

环境道德是在社会公德、职业道德、家庭美德三大领域之外的另一个领域。环境道德指的是人们在生态环境保护、改造、发展和建设的实践中，对自己所依存的生态环境的一种自觉的反映形式和所持的态度，是人类与自然界的生态环境之间、人们相互之间或者说是人类与生存环境和自然、资源、人与人之间的行为准则。它是生态学、环境科学与伦理学相互交融、相互结合的产物，是伦理学的新发展，实现了伦理学由人际道德向自然道德的拓展，把人类道德关怀拓展到自然界，扩展到地球的整个生态环境领域，把一切自然物、生物都视为人类道德的对象，认为人类有义务尊重它们作为自然生态过程持续存在和繁衍生息的权利，这是人类道德观念的一大进步。

环境道德反映了当今时代对人类社会道德体系的进步要求，适应了时代的发展趋势。恪守环境道德原则、遵循环境道德规范是每一个现代人应该具备的基本人格素养，也是作为一个当代人适应社会和时代要求、实现自身价值的根本素质。

11.2 环境道德的原则和规范

由于环境道德把传统道德的正当行为的概念扩大到尊重自然界的所有生命，扩大到尊重地球的整个生态环境领域，这就必然要求制定新的道德原则和规范来约束人们的行为。而环境道德的道德原则和规范正是指导和评估人类在对待自然上的行为价值取向的标准。

11.2.1 环境道德的基本原则

环境道德的原则主要有整体价值观、自然价值观、生态环境平等观、可持续发展观。

1. 整体价值观

整体价值观是指人与自然关系的和谐统一，这是环境道德的永恒主题。人与自然的关系是一个现实而又古老的话题，它伴随着人类历史发展的足迹而呈现出不同的状态。而当代环境道德则要在人与自然之间建立一种合理的道德关系，向人类提出对生态环境的道德与道德责任，用以指导他们的行动。它向人们、向一切生物、向整个地球承诺重建一个郁郁葱葱、生机盎然的绿色世界。在农业文明时期，人类能动性的发挥还远远不足，人们对自然的开发和利用尚属初级阶段，加之农业生产与对自然界的依赖性比工业生产更为直接，所以农业文明下的人们比较尊重自然，注意适应自然，人与自然尚能基本保持相互协作的关系，即使出现对立与冲突，也未达到十分尖锐的程度。而进入工业文明后，人类拥有了更为强大的生产力，以自然界的征服者和统治者自居，认为单凭日益发展的科学技术就可以完全摆脱对自然条件的依赖，人和自然只是利用和被利用的关系，自然只不过是人类利用的工具。

历史进入 20 世纪，曾经陶醉于征服自然的辉煌胜利的人们才开始认识到工业文明在给人类带来优越的生活条件的同时，却给自然造成了空前严重的伤害，因而使人类自己也面临着深刻的危机。在工业文明下，人们把自然当作可以任意摆布的机器、可以无穷索取的原料库和无限容纳工业废弃物的垃圾箱。这些做法违背了自然规律，超出了自然界能够承受的阈限。当人们为满足自己不断增长的欲望而对自然进行掠夺性开发和破坏时，自然界则以自身铁的必然性，向人类施行了严厉的报复——全球性的生态失衡和人类生态环境恶化。人类好像在一夜之间发现自己正面临着史无前例的大量危机：人口危机、环境危机、粮食危机、能源危机、资源危机等。这场全球性危机程度之深、克服之困难，对迄今为止指引人类社会进步的若干基本观念提出了挑战。

工业文明的人类高扬主体性和能动性，而忽视了自己还有受动性的一面，忽视了自然界对人类的独立性、根源性和制约性，忽视了马克思所说："人作为自然存在物，而且作为有生命力的自然存在物，一方面具有自然力、生命力，是能动的自然存在物；这些力量作为天赋和才能、作为欲望存在于人身上；另一方面，人作为自然的、肉体的、感性的、对象性的存在物，和动植物一样，是受动的、受制约和受限制的存在物。"工业文明对自然的开发观念和行为准则违背了人和自然关系的辩证法，而藐视辩证法是不能不受惩罚的。

大自然给人类敲响了警钟，历史呼唤着新的文明时代的到来。这种新文明，有人从文明发展的顺序出发称之为后工业文明，也有人从生态价值标准出发，称之为生态文明，即人与自然相互协调共同发展的新文明。这种新文明，要求人们根本转变人与自然关系的思维模式与人在自然中的行为方式。环境道德的诞生与兴起正是对人与自然关系界定上根本性的转变，它成为标志生态文明时代到来的新理论之一。

当代环境道德重新界定了人与自然的关系，确立了人与自然的道德关系，主张在人与自然之间应当建立和谐统一的关系，而建立这种关系的基础就是要把自然纳入人类道德关怀的范围之内，以道德关系来界定人与自然关系，也就是说要把人类之间的道德关怀扩展到全球的整个生态环境领域，以道德关系来界定人类与整个生态环境领域的关系。故而，当代环境道德意识是走向人与自然和谐统一的前提。

2. 自然价值观

环境道德理论认为自然界具有自然价值，它不仅仅具有工具价值，而且具有不以人的意志为转移的内在价值，自然价值是客观存在的。自然价值概念，尤其是内在价值作为生态环境道德理论的核心概念，是展开生态环境道德理论立论的根本依据和出发点。

"内在价值"概念意味着3种不同含义的组合。首先，它可以在广泛的意义上被认为是工具性价值的对立物，也就是说具有内在价值意味着自然事物不是作为某种目的的手段而是目的本身；其次，内在价值可以指自然事物的内在属性和结构；第三，它可以指评价过程，作为存在于人类评价自然事物的多种方式中的客观价值的指示，即它是事物具有的不依赖于评价者评价的客观价值。因此，将自然"内在价值"定义为自然界万物自身固有的、处于工具性价值之外的、独立于人类评价者的价值，以此来整合和统一各种自然价值概念。

环境道德认为存在与价值是密不可分的，它们都是自然的属性。其中，对自然的生态学描述，既是对自然的价值评价，事实上，一旦某处充满了事实，也就有了价值，而且无论是价值还是事实，往往是与系统的性质相同的。所以，自然界无论是动物，还是植物、微生物，有感觉的生命，还是没有感觉的生命，它们都具有自身的内在价值。实际上，生态环境道德在价值论上坚持了一种更为广义上的存在论价值观，力图突破传统对事实与价值截然分开。超越事实与价值之间不可逾越的鸿沟，承认自然的价值是环境道德学说理论得以展开的前提，而且这也是对传统道德学说的超越之所在。

3. 生态环境平等观

环境平等观主要是指人与自然关系的平等问题，同时也包括以人与自然关系为中介的人与人之间的平等。生态环境平等观是环境道德学说的重要理论内容之一，是贯彻、渗透于整个环境道德学说思想体系中不可分割的组成部分，也是环境道德学家们所倡导的维护生态环境平衡实践的重要理论依据，它同生态环境的保护、人类社会的可持续发展都有着密切的联系。

环境道德学说的平等观可以大体分为两类观点。一种是以现代人类中心主义为代表的观点，他们将平等仍限定于人与人之间，否定所谓生态环境平等问题，认为这最多是人与人之间关系的反映而已。但他们承认代际之间的平等。另一种观点是非人类中心论的生态环境道德学说主张，他们将平等分为两个方面，即人与人之间以及人与自然之间的平等关系。非人类中心的环境平等观在西方思想中占主流地位，起着决定性的影响。

生态环境平等观对传统道德的突破可以概括为两个方面。其一，从横向来看，生态环境平等将平等的范围扩展了：即从"人-人"关系的平等拓展到"人-自然"关系的平等(这一点至少在非人类中心论时得到了确认)。其二，从纵向来看，生态环境道德学将平等的视野由当代转向了人类的未来，将未来人纳入平等的范围，提出了代际平等问题。

生态环境平等观在实践上具有重要的现实意义。

(1) 在全球范围内，必须强调平等性解决原则，以保证国与国之间、特别是发达国家与发展中国家实现资源、环境的公平化，必须协调各国之间的权利与义务，建立起一种新的全球伙伴关系，以便有节制、有目标、步调一致地利用自然，维护生态平衡。

(2) 解决各种全球问题都要涉及代际关系，必须顾及后代人的资源、生态环境和生态平衡等问题。可持续发展正是这种思想的集中体现，并已成为人们普遍接受的一项基本发展准则。随着对全球问题理解的日趋完善，各国必将认识到平等解决全球问题的必要性和重要性。事实上，在资源开发、生态保护、防治污染等全球问题方面的平等原则，已经成为多数国家共同努力的目标。

(3) 生态环境平等观还暗示了一种全新的环境文明观。其中包括全球意识以及一系列新的价值观、世界观。各国人民正在逐步认识到，自然界是一个有机整体，人类只是其中的一员，人类负有生态责任与义务，它试图建立一种真正平等、公正的人与自然关系，从而实现人与自然的和谐发展。

4. 可持续发展观

可持续发展观是环境道德的理论基础和中心内容。生态环境观能够超越环境道德学说的人类中心论和非人类中心论，形成更具备整合性和超越性的理论体系，并能够使环境道德在不同层面上指导人类保护生态环境的实践活动。

长期以来，人们在发展观的价值判断上存在着很大的差异。例如，传统经济发展观的价值取向表现为以下几个方面。

(1) 将经济利益的获取作为经济发展的唯一价值尺度。这种价值取向倾向于把自然资源和生态环境看成是一种供人类"占有"、"消费"、"使用"的对象。自然界的价值只是一种满足人类需要的"工具性价值"。

(2) 在传统经济模式里，生态环境仅在"环境资源"的意义上被认可，除了环境资源的经济价值被承认外，生态环境的其他价值因处于市场之外而被弃之不顾。

(3) 这种发展观的价值取向并非是人类的共同利益，而是以各种特殊的个人利益或群体利益为根本价值尺度。

在传统经济发展观的指导下，发展的目的就是单纯追求经济利益，就是人类去统治自然，获取自然资源。为此人类付出了沉重的代价，人类自身的根本利益受到损害，生存状况出现危机并日益恶化，陷入了不可持续发展的困境。与此相反，可持续发展的价值取向是人与自然、人类与生态环境的和谐发展。它的价值标准既包括了人类的整体利益，也包括了自然自身的利益，它追求的是人与自然和谐统一的整体价值。这种价值观指导人们不是追求某一单项价值的最大化，而是追求整个价值体系的最大化。它的价值取向包括了系统的价值观经济价值和经济价值以外的自然资源合理开发和有效利用、生态环境改善、人口质量提高和数量控制、社会进步等一系列价值尺度和整体的价值观即整个价值体系的最大化，如人与人关系的协调和人与自然关系的协调。

11.2.2 环境道德的基本规范

环境道德规范就是人类环境行为的善恶标准，它主要包括以下几点。

1. 热爱自然，与自然为友

在环境道德的所有规范当中，热爱自然、与自然为友是最基本的规范，其他规范都同它有着密切的联系，并且都是由这一规范引申出来的。

热爱自然、与自然为友作为环境道德的规范，至少包含以下几个方面的基本要求。

(1) 一切对自然负责。

人类在生态活动中的一切言论和行为，都应当本着对自然高度负责的精神，力求维护自然的平衡，而不应当有任何轻视的态度，更不应当有急功近利、有意损害自然的行为和倾向。人类已经到了这样的时刻，不能再生活在幻想之中，对地球伤害再不停止，人类将失去生存之地。因此，凡是有利于自然的事情，能够减轻和解除自然灾难的事情，就应该努力去做；凡是有损于自然，给自然带来或加重破坏的事情，就应当避免和反对。如果由于意料不到的原因，发生了有损于自然的行为，一旦发现，就应该认真总结经验并迅速补救。

(2) 关心和爱护自然。

如前所述，人和自然是一种平等的关系，而不是征服与被征服的关系，或者应该是"共存共荣"、"互利互惠"的关系。鉴于以往对人和自然关系的认识上的错误，以致造成了今天的生态危机和人类生存危机，所以在人和自然关系上的道德要求，就不仅要关心和爱护自然，甚至要关心自然比关心人类自身还重。这就要求人们不但要从当前的自身利益出发，更要从子孙万代的长远利益出发去处理人和自然的关系。

(3) 同危害自然的一切行为和错误倾向做坚决斗争。

在现实生活中，有人急功近利，鼠目寸光。他们对环境的破坏和资源的浪费毫不动心，对自己的利益却绝不放过。由此产生一系列类似企业短期行为的短视行为：对资源进行掠夺性开发，对破坏生态平衡的行为予以默许；只顾眼前，不计长远，哪个项目能获利就上哪个项目，怎么做对企业对单位或对个人有好处，就怎么做；怎么开发能马上见效就这么开发；管它开发合理不合理。这种经济利益的取得，是以牺牲大局和长远经济效益为前提的，是表面的、暂时的。对于这种行为，不管他们打着什么旗号，都要进行坚决的、不懈的斗争。要做到这一点，既要有宽广的胸怀，又要有大无畏的勇气。

2. 利用开发自然与保护自然相结合

利用开发自然与保护自然相结合作为环境道德的规范之一，在现实生活中有着特殊的重要意义和道德价值。

在现实的社会生活中，随着科学技术的迅速发展，人类从自然中得到的好处越来越多，物质生活和文化生活也越来越丰富多彩。但是，人类自身生存的环境却遭到了严重的破坏，并且日益危及到人类的生存和发展。人和自然界的关系，不能不直接或间接地涉及人类的切身利益。这样，人和自然环境的关系，理所当然地成为道德评价的对象了。因此，利用开发自然和保护自然相结合，也就是具有特殊的道德价值，唯有利用开发自然和保护自然相结合，才可能使人类有一个美好的生存和发展的基础。也就是说，由于在目前现实生活中，人和自然矛盾的日益突出，使得人类保护自然的责任和价值越加显现，任何国家、任何民族、甚至人类的每个成员，在开发利用自然时，都必须以保护自然为前提。

利用开发自然和保护自然相结合作为基本环境道德规范包含着 3 个相互联系的基本要求。

(1) "索取"与"给予"相统一。人类利用和开发自然，不但是为了谋取和扩展人类利益，而且是为了创造一个美好的生存环境。但是，如果人们置长远利益于不顾，一味地向自然索取，势必要破坏生态平衡，其结果必然是使人类失去这个生存的环境。所以，人们必须明了："索取"与"给予"是相统一的，不能只向自然界索取，而不相应地给予，要让大自然有休养生息的机会。这样，自然界才能"无限"地造福于人类。

(2) 利用自然资源和保护环境相结合。自然环境是为人类提供生产建设的原料基地，对自然环境中蕴藏的资源的利用，不能从实用主义观点出发，也不能任意地无限制地开发，要以眼前利益和长远利益、局部利益和全局利益相结合的原则为指导，有规律地开发利用。

对生态即恒定资源，如太阳辐射、气温等，此类资源虽有地区性，但"取之不尽、用之不竭"(相对而言)，可因地制宜，充分利用。

对生物资源，如森林、草原、动物、植物以及土壤，它们虽具有再生能力，但也要合理地加以利用。努力做到消耗、使用与培植、养育相结合，这样就可使之生生不息，长久地为人类服务。

矿物资源如煤炭、石油、矿石等此类资源具有有限性，不可能再生。因此，一要采取保护性的开发和利用的态度，二要采取综合利用的措施，充分利用矿物资源，发挥各种物质潜能，尽量减少"二次污染"。

(3) 维护和改善生存环境，这必须成为每个公民具有的生态道德观。生态问题日益困扰着人类，为了保护、改善和建设人类的生存环境，必须提高人们的生态意识和环境意识，负起生态责任。为此，有必要进行生态学方面的知识教育，使人们懂得并能够掌握它，用以指导人们的行动，并评价人们的行为。只有这样做，利用开发自然和保护自然相结合才能够成为现实。也只有这样做，才能保护和爱护人类自身。热爱自然界就是热爱人类自身；毁灭自然界也就是毁灭人类自己。因此，维护和改善生态环境，是每个公民需要树立的环境道德观。

3. 培养维护生态平衡的献身精神

所谓献身精神，就是为维护生态系统的平衡而舍身忘我的精神。这是符合历史前进的方向和人类的根本利益的。在一定意义上可以说，它是环境道德基本原则的最高表现。

维护生态系统平衡的献身精神作为环境道德的基本规范，有以下几点基本要求。

(1) 坚持人类整体利益高于个人的一切。要在思想上和实际行为上，自觉地把个人的命运和整个人类的命运联系在一起，使个人的发展和前途融合于整个人类的发展和前途之中。提倡人们把关心自然放在第一位，谴责不合理地为扩大个人和人类财富而损害自然的行为，反对人类在这方面的特权作风。而且，在人与自然的关系上，当个人利益同人类整体利益不一致时，要无条件地服从人类的整体利益，要勇敢地捍卫整个人类的利益，甚至不惜牺牲个人的一切。

(2) 不畏艰苦，不求功名。人类历史的发展，要求人们在对待自然的问题上，必须做到大公无私，艰苦奋斗，坚忍不拔，无私无畏。在现代的社会生活中，曾经涌现出了许多为维护生态系统的平衡奋勇献身的人物。有的科学工作者为了保护生态，为了让动物更好地生存下去，甘心情愿地放弃舒适的生活环境，远离城市，远离人群，长期工作在艰难危险、荒无人烟的各种类型的自然保护区，为维护生态系统的平衡作出了宝贵的贡献。正是由于这些人所作出的努力和代价，才使许多濒临灭绝的物种得以保存，延缓了人类生存环境的恶化，使一些被破坏的生态环境得到某种程度的恢复。

应该说，维护生态系统平衡的献身精神，不是建立在个人名利和虚荣心之上的，而是建立在对人类的忠诚和高度责任感之上的。有了这种献身精神，就能不畏艰难困苦地去为人类谋幸福。

(3) 有为人类发展而献身的崇高情怀。人的生命是有限的，如何使自己的行为和理想能够符合人类的发展，并促进人类的发展呢？十分重要的一点就是要有为人类的发展而献身的崇高情怀。为人类的发展、为维护生态系统的平衡而献身的精神，不仅表现在人和自然相冲突时如洪涝灾害、森林火灾等，人们勇于作出自我牺牲，而且更大量地表现在日常工作和生活中的毫不利己、大公无私、尊重生命等方面。

11.3 环境道德范畴

所谓环境道德范畴，就是指那些概括和反映环境道德主要本质、体现人类保护生态环境的道德要求，必须成为人们的普通信念而对人们行为发生影响的基本概念。它们受生态道德原则和生态道德规范的制约，同时也是环境道德原则和环境道德规范发挥作用的必要条件。环境道德范畴包括环境道德义务、环境道德良心、环境道德责任和环境道德公正。

11.3.1 环境道德义务

义务是指一定社会或阶级，基于一定社会生活条件，对个人确定的任务、活动方式及其必要性，所做的某种有意识的表达。由于环境道德是调节人与自然之间的矛盾关系的，因此，环境道德义务就是人类维持生态系统平衡的职责、使命或任务。

人类的环境道德义务主要有：①人类有义务维持整个生态系统的平衡，不应该按自己的需求伤害甚至灭绝任何物种，而应该允许物种的生存和演化，人类有责任尽力去恢复由于人类活动破坏的生存环境；②人类有义务保护性地利用自然资源，人类有权利利用地球上的各种资源维持自身的生存和发展，但这种开发、利用应是在遵循生态规律的前提下进行的，要可持续地使用资源，寻求发展，为此，人类应该尽量合理地开发利用资源，对可再生资源，利用时应保持其再生能力，对不可再生资源应有计划、有节制地加以使用，防止枯竭；③确立健康的生活方式，就本质而言，环境问题是由于人类不健康的生活方式造成的，人类过度追求物质利益，消费了数倍于其所必需的物品，从而造成资源过度消耗、生态破坏等环境问题，因此为了缓解和消除环境问题，人类首先应该改变自身的价值观念和消费习惯，塑造健康的生活方式。

11.3.2 环境道德良心

所谓环境道德良心，就是人们对他人、社会和自然界履行义务的道德责任感和自我评价能力，是个人环境意识中各种道德心理因素的有机结合，具体包含如下3点。

①环境道德良心是人们环境道德意识中一种强烈的道德责任感。这就是说，它是人们在生态活动过程中，由于认识到所负有的使命、职责和义务而产生的对他人、社会及整个自然界历尽道德义务的强烈而持久的愿望。

②环境道德良心是人们环境道德意识中进行自我评价的能力。这就是说，它是人们在深刻理解一定环境道德原则和道德规范的基础上，以高度负责的态度，对自己行为的善恶价值进行自我判断和评价的过程。

③环境道德良心是多种道德在个人意识中的有机结合。这就是说，环境道德良心的形成是各种道德心理因素(包括生态道德意识、道德情感、道德意志和道德信念等)相互作用的结果。

环境道德良心在环境道德行为过程中起着重要的作用，主要表现在：①在行为前，环境道德良心对行为选择的动机起着制约的作用；②在行为进行中，环境道德良心起着监督作用；③在行为之后，环境道德良心对行为的后果和影响有评价作用。总之，环境道德良心在人们选择和调整个人与自然关系的行为中有着重大的作用，以致能成为人们思想和情操的重要精神支柱。

11.3.3　环境道德责任

所谓环境道德责任就是指人们对自己的环境道德行为的善或恶所应当承担的责任。环境道德责任之所以重要，是因为人们提倡和进行环境道德教育，其根本的目的就是要使人们养成高度的环境道德责任感，以便能够对善的行为有道德上的满足，而对恶的行为有道德上的内疚和自我批判。环境道德责任包含着两种互相关联的情形。

首先，它是指人们在履行某种环境道德义务以及相应行为的过程中应尽的职责，在这种意义上，环境道德责任常常被看作是环境道德评价的尺度。环境道德责任包含的另一种情况则是指行为当事人的自尊、自爱、知耻等自觉性的心理形式，对自身行为过失的自我批判和内疚，以及所表达的责任感。从这个意义上说，环境道德责任实际上体现着个人行为选择时的自我道德评价能力，因此，它又常常被看作是环境的道德良心的社会价值尺度。也就是说，凡是当事人在内心自己感到内疚的行为，也就是他们良心所否认的道德行为，即所谓"良心发现"了。综上所述，环境道德责任就是指一定社会整体或行为当事人以某种社会形式和心理形式，对善的行为有道德上的满足，而对恶的行为有道德上的内疚和自我批判。

11.3.4　环境道德公正

环境意义上的所谓公正，就是指自然中的任何物种都有相等的权利和义务。它要求在人与自然的关系上尊重自然的权利，也是评价人的行为的标准。

环境道德公正范畴具有以下特征。

(1) 维护自然成员基于生存平等的权利和义务的统一。人们不仅要承认人的价值，而且要承认生物和一切自然物的价值；不仅要承认人类的权利，而且要承认生物和一切自然物的权利。保障自然界的各个成员都有自己存在的权利，为它们分享整个自然界提供公平竞争的均等机会。人类本身应当采取有效措施加以拯救和调节，使得整个生态系统得以平衡和发展。

(2) 体现自然成员的生存平等和社会生产效率的最佳结合。生产力和科学技术飞速发展产生了双重的社会后果：一是增强了人类改造自然的能力，提高了社会发展的效率，使得人在决定自己未来命运的选择中的主体作用更加突出；二是科学技术的创造和生产力毫无节制的恣意发展也可能摆脱人的有效控制，反过来危及人类生存和发展的基础——自然界。要达到自然成员生存和社会生产效率之间的一个最佳结合点，必须从人本身的革新来实现。人类只有保持对自然生态的公正态度，才能实现与自然的和谐相处，人类才能得以持续发展。

总之，环境道德的本质就是人们在生存发展过程中，在感知自然界和他人的生存价值和生存权利后的道德良知，约束自己的物质贪欲，善待自然环境，协调人与社会环境和自然环境的关系，达到人与社会环境及人与自然环境长久共生共荣的一种伦理规范。

11.4 环境道德教育

11.4.1 环境道德教育的作用和地位

"保护环境，教育为本"，在全球性的环境问题和生态危机并未明显好转的今天，充分发挥教育对认识和解决环境问题的特殊功能日益重要。《21世纪议程》指出，"教育是促进可持续发展和提高人们解决环境与发展问题的能力的关键。教育对于改变人们的态度是不可缺少的，对于培养环境意识、道德意识，对于培养符合可持续发展和公众有效参与决策的价值观与态度、技术和行为也是必不可少的。"环境教育，德育为先。唯有道德教育才能提高人们的环境道德素质和意识；唯有道德教育才能沟通"识"之教育、"法"之教育，它是环境教育中的桥梁和关键。环境道德教育不是一般意义上的"公德"教育，而是公民德性、人格养成的教育，是保护环境、实施可持续发展战略、迈向生态文明的灵魂教育，具有重要地位。

在保护环境的实践中，人们是否参与改善与维护环境质量，其价值观和态度是关键，而环境道德教育担负的重任乃是培育和发展保护环境的伦理精神。科技发展、环境立法、伦理觉悟是防止不良后果发生的三大路径，它们之间决非孤立独行的，而是一个统一的综合系统工程，其中伦理的觉悟又是关键。拉伯雷说过，没有良知的科学只会是灵魂的废墟。显然，改变这种缺乏"绿色"意识的价值观需要依靠环境道德教育。环境立法是当前我国和世界上许多国家正在加强和突出的立法项目。这些立法一方面要更新和淘汰原有的、在传统人类至上价值观统辖下的法律规章，另一方面则要接受新价值观指明的人与自然和谐的方向。缺少人文价值的法律也可能变成强权的压迫与控制。孟德斯鸠就曾指出，法律不能牺牲公民和人性，为人立法也需要"为自然立法"。这种转变依然须要立足于改变人们价值观的环境道德教育。

在实施可持续发展战略中，环境道德教育之所以必须"优先行动"，其根本原因在于：可持续发展是一种全新的发展理念，它在本质上表达一种"公正"的伦理意蕴，它要求人际公正(代内公正与代际公正)、国际公正(国与国之间)、种际公正(人与自然之间)，培养和树立"公正"理念，是伦理道德教育一以贯之的重任。罗伯特·卡内罗认为，只有进行公正教育才有可能重建道德教育的坚强核心。只有在环境道德教育把可持续发展所内蕴的公正思想作为至关重要的观念树立在生态意识中时，才能促进社会正义。试想，一个缺乏公正思想的决策者，人们很难指望他能制定出一个良策——符合人口、生态、经济、社会四维结构大系统的良性互动与协调发展；一个缺乏公正精神的管理者和执行者，也难以实现观念、环境、经济、科技、社会和人的全方面创新；一个缺乏公正态度的普通公民，更难以作出符合物质文明、制度文明和精神文明共同进步和协调发展的行为。可见，实现可持续发展模式的转换，以培养公正理念为目的的环境道德教育应当优先行动。

迄今为止，人类经历了原始文明或渔猎文明、农业文明和工业文明。这些文明的一个突出特征是以人统治自然为指导思想，以人类中心主义为价值取向，其实质是"反自然"的。特别是近200多年的工业文明以来，人类凭借技术的进步"极大地增加了人类的财富和力量，人类作恶的物质力量与对付这种力量的精神能力之间的'道德鸿沟'，像神话中敞开着的地狱之门那样不断地扩大着裂痕。"如何实现工业文明向生态文明的转化，需要各方面的努力，更需要良知和内在的道德力量。环境道德教育就是要倡导一种尊重自然、善待自然的理性态度，倡导一种拜自然为师、循自然之道的理性态度，倡导一种保护自然、拯救自然的实践态度。它承担着开启人类环境良知，开发人类环境伦理潜能，开创人类环境精神面貌的重负。环境道德教育作为塑造这种精神世界的主要途径任重而道远。

11.4.2 环境道德教育的本质

1. 环境道德教育是素质教育、人格教育

环境道德是一种现代道德素质，是一种面向未来的人格状态。道德素质是一个复杂的概念。贝纳德·威廉姆斯认为："所有伦理价值都建立在素质的基础之上。素质是基本的，因为道德生活的实际方式存在于素质预定的可能性之中。"据此理解，环境道德就是建立在环境素质之中的，或者说环境素质在环境道德生活中占有重要地位。并且，它本身也是环境道德生活的方式和内容。传统的道德教育几乎都是建立在人际层面，把学会与人相处以共同对付自然谋求人类福利作为教育原则，具有明显的功利主义性质。功利主义性质的道德教育有违于教育的正确目的。环境道德教育的终极目标在于培养具有环境道德素质的人，具有正确的环境态度和价值观，并能作出理想的环境行为的人。这种教育是 21 世纪素质教育的主题，是素质教育中培养人之为人的人格教育。

人格教育是素质教育的一种方式。所谓人格(Personality)是一个跨学科、含义丰富的概念。人格教育是指培养健康的、道德的人格的教育。环境道德教育把环境道德作为一种道德人格，即作为环境准则意识、环境责任意识的统一体。换言之，在现代人这里，缺乏了环境道德，他的人格就是不健全的。因为环境道德是公民个人道德修养和社会文明程度的重要表现，是评价个人品格高尚与否，是否具有个人尊严的重要尺度。环境道德不仅是评价个人人格的尺度，而且是一个国家和民族文明程度的标杆。江泽民同志指出："环境意识和环境质量如何，是衡量一个国家和民族文明程度的重要标志。"

2. 环境道德教育是全面的、持续的终身教育

环境道德教育不是一时一事的短暂的功利教育，而是一种全面的、持续的终身教育。终身教育有两个特点：一是全面性或整体性；二是持续性或连贯性。第比利斯环境教育会议宣言突出了这些特点，指出：环境教育应该是一种全面的终身教育，能够对这一瞬息万变的世界中出现的各种变化作出反应；环境教育是一个连续的终身教育过程，它始于学前教育阶段，贯穿于正规教育和非正规教育的各个阶段。作为环境教育的有机组成部分，环境道德教育应该包含着两个方面的内涵。

所谓全面性或整体性，在环境道德教育中其意义是指环境道德教育必须面向全体公众，与其他环境教育相结合，充分达到道德教育的目标和要求。如果说环境科学教育是解决知与不知的矛盾，属于智育范畴，那么环境道德教育则是在环境知识教育的基础上解决信与行的问题，隶属于德育范畴。人的行为不仅受到知性引导，更要受到德行制约。要达到人与自然的和谐状态，首先要对环境问题有科学的认知，但更要形成对环境的道德认知，养成对环境道德的信念，锻炼环境道德意志，形成环境道德行为习惯。因此，环境道德教育应该有自己的特定目标、要素、层次、内容和教育边界。概而言之，环境道德教育的全面性一方面是指要充分发挥道德教育功能，全面实现它的目标，另一方面又要紧密结合各类

环境教育，与它们相互衔接，共同完成保护环境的教育使命。

所谓持续性或连贯性，其基本意义是指时间的不间断性。环境道德教育既要贯穿于各种教育层次，针对不同年龄层次进行教育，培养不同的伦理价值观，同时又要使各阶段的教育内涵一致，保持连续、完整、始终一贯性。完整的教育形态包括学前教育、初等教育、中等教育、高等教育和继续教育，环境道德教育应是贯穿于这一整个过程的终身教育。但是，在不同层次上，受教育者的心理、生理特点不同，他们各自的道德意识和行为特征也不相同，这就要求环境道德教育要因材施教。环境道德教育要有系统、有计划、有目的、有层次地渐次推进，既不能使教育链条脱节中断，也不能使之相互对立、无法接洽。这是一个有组织、有秩序，连贯统一、协调一致的教育工程。

3. 环境道德教育是社会教育、全民教育

传统道德教育是特指局限在学校的正规教育，而环境道德教育则是一种社会教育、全民教育。所谓社会、全民教育，包括如下 3 个方面。其一，它没有空间、时间和种族的限制，是一个主体-客体相互融通的开放体系。传统德育施教者对受教者的品德定向影响，而环境道德教育是一个包含施教者-受教者两极互动的过程，两者相互影响、相互融通。其二，它是面向各个层次的所有年龄的人。它包含正规教育和非正规教育。第比利斯环境教育大会宣言指出："环境教育必须面向全社会，为每一个人提供获得保护和改善环境所需的知识、价值观、态度、责任和技能的机会。"环境道德教育必须对每一个人开放是因为环境保护事业是一项大众的事业，有赖于公众的参与。因此，环境道德教育要面向大众、面向世界，提高广大民众关心环境、保护环境、建设环境的道德热情和道德能力。其三，它是一种全球教育或国际性教育。环境道德是一种普遍道德、全球道德，因为人类面临的环境问题正日益呈现出全球化特征；而保护和建设一个人与自然和谐相处的地球是全人类的共同责任。因此，环境道德教育需要全球联盟，也可能塑造一个全球联盟。

11.4.3 环境道德教育的类型

1. 决策教育

决策教育是环境教育的关键。决策人员的环境意识提高了，便会推动整个社会的环境教育工作。在一定程度上，公众环境意识的强弱取决于决策人员环境意识的高低和环境教育工作努力的程度。决策人员的环境意识和决策水平直接决定着工程建设项目的最终利害关系以及该项目对环境产生影响的大小。决策科学，可取得良好的社会效益、经济效益和生态效益；反之，将会带来难以估量的不良环境后果，从而无形中给环境污染和防治增加了难度。决策教育的对象是各级政府以及企业、事业单位的领导。教育内容以环境问题的宏观规律为主。教育目标以培养他们的"未来意识"、"全球意识"、"忧患意识"和"生存意识"为主。

2. 学校教育

学校教育包括师范院校、中小学、幼儿园以及专业环境教育等，这是提高未来劳动者良好环境意识的关键。学校教育是直接关系到可持续发展的百年大计，也直接关系到环保事业的成败。

3. 公众教育

公众教育即全民教育，是普及环境保护知识的关键所在。没有全民的参与，保护环境只是一句空话；没有全民良好的环境意识，保护好环境也是不可能的。公众教育主要包括工人环境教育、农民环境教育以及城镇居民环境教育。公众环境意识的高低是一个国家环境保护工作好坏的重要标志，也是一个国家文明的标志。

1972 年第 27 届联合国大会决定，将每年的 6 月 5 日定为"世界环境日"，要求在环境日进行大规模的集中的公众环境教育，并从 1974 年起，每年的"世界环境日"确定一个主题，例如，1974 年："只有一个地球"，1976 年："水，生命的重要源泉"，1977 年："关注臭氧层破坏、水土流失、土壤退化和滥伐森林"，1983 年："管理和处置有害废弃物，防治酸雨破坏和提高能源利用率"，1988 年："保护环境，持续发展，公共参与"，1991 年："气候变化——需要全球合作"，1995 年："各国人民联合起来，创造更美好家园"，1999 年："拯救地球就是拯救未来"，2002 年："让地球充满生机"。

复习和思考

1. 什么是环境道德？它的本质是什么？
2. 试述环境道德的基本原则。
3. 环境道德范畴包括哪些内容？
4. 试述环境道德教育的重要意义。
5. 环境道德教育有哪些类型？

第5篇 可持续发展篇

第12章 环境与发展

　　环境与发展，是当今国际社会普遍关注的重大问题。人类经过漫长的奋斗历程，特别是从产业革命以来，在改造自然和发展经济方面取得了辉煌的业绩。但是与此同时，人类赖以生存的环境为此付出了惨重的代价。人类社会生产力和生活水平的提高，在很大程度上是建立在环境质量恶化的基础上的。气候异常、灾害频繁而严重、臭氧层破坏、生物物种锐减、资源匮乏、能源枯竭等，敲响了一次次的警钟，迫使人们不得不严肃思考，不得不重新审视自己的社会经济行为和发展的历程，认识到通过高消耗追求经济数量增长和"先污染后治理"的传统发展模式已不再适应当今和未来发展的要求，必须努力寻求一条人口、经济、社会、环境和资源相互协调的可持续发展之路。

12.1　传统发展观的三大误区

　　长期以来，特别是18世纪英国工业革命开始将科学技术转化为直接生产力产生巨大的物质力量后，人们总是把发展片面理解为科学技术的发达和国民生产总值(GNP)的增长。这种传统工业文明发展观存在着很多误区，主要表现在以下3个方面。

12.1.1　忽视环境、资源和生态系统的承载力

　　许多世纪以来，由于人们对自然界的本质规律的认识水平较低，生态知识有限，一方面把美丽、富饶、奇妙的大自然看作是取之不尽的原料库，向它任意索取越来越多的东西。另一方面又把养育人类世世代代的自然界视为填不满的垃圾场，向它任意排放越来越多的对自然有害的废弃物。特别是近300年来，由于科学技术在征服自然的过程中显示了神奇的力量，人类自恃具有无上的智能，以自然界的绝对征服者和统治者自居，肆意掠夺和摧残自然界的状况愈演愈烈，忽视了环境、资源和生态系统的承载力，严重地破坏了自然界的生态平衡，极大地损害了自然的自我调节和自我修复能力。

12.1.2　无视资源环境成本

　　传统的发展观是以人类单向地从自然界所获取的经济利润来核算，没有考虑经济增长所付出的资源环境成本。这样的经济核算体系容易带给人们"资源无价、环境无价、消费无虑"的错误思想。而在实践行为上则采取一种"高投入、高消耗、高污染"的粗放式、外延式发展方式。这样虽然实现了经济的快速增长，然而同时却给地球带来了不可估量的损失。西方工业文明发展的许多结果已经表明，今天自然资源的过度丧失和生态环境的严

重破坏到将来可能花费多少倍的代价也难以弥补。

12.1.3　缺乏整体协调观念

长期以来，由于人们对物质财富的无限崇尚和追求，总是把发展片面地理解为经济的增长和生产效率的提高，将注意力集中在可以量度的各个经济指标上，如国民生产总值、人均年收入、人均电话部数、进出口贸易总额等。1930年代以来，凯恩斯主义经济学一直把GNP作为国民经济统计体系的核心，作为评价经济福利的综合指标与衡量国民生活水准的象征，似乎有了经济增长就有了一切。于是，增长和效率成了发展的唯一尺度，至于人文文化、科技教育、环境保护、社会公正、全球协调等重大的社会问题则受到冷落或被淡忘。这种对经济增长的狂热崇拜与追求，不仅使人异化为物质的奴隶，导致社会畸形发展，而且引发了大量短期行为，如无限度地开发、浪费矿物资源，贪婪地砍伐植被和捕猎动物，肆无忌惮地使用各种化学原料与农药而置生态环境于不顾等。

由于传统发展观存在着上述种种弊端，当人们庆贺经济这棵大树结出累累硕果的同时，人类赖以生存和发展的环境却被破坏得百孔千疮、污迹不堪。

12.2　人类发展的新模式—可持续发展

环境问题的产生、发展与扩大，与人类的社会经济活动密不可分。目前人类丰富的物质生活和经济水平在很大程度上是建立在环境恶化的基础上的，所以既要保护环境又要发展经济成为当今世界普遍关注的问题，这相当于鱼和熊掌，如何使两者兼而得之，成为当代人类所苦苦追求的目标。可持续发展就是实现这一目标的有效途径，也是21世纪人类社会发展的主题。

12.2.1　可持续发展思想的由来

1. 古代朴素的可持续性思想

可持续性(sustainability)的概念渊源已久。早在公元前3世纪，杰出的先秦思想家荀况在《王制》中说："草木荣华滋硕之时，则斧斤不入山林。不夭其生，不绝其长也；鼋鼍鱼鳖鳅孕之时，罔罟毒药不入泽，不夭其生，不绝其长也；春耕、夏耘、秋收、冬藏，四者不失时，故五谷不绝，而百姓有余食也；污池渊沼川泽，谨其时禁，故鱼鳖优多，而百姓有余用也；斩伐养长不失其时，故山林不童，而百姓有余材也。"这是自然资源有续利用思想的反映，春秋时在齐国为相的管仲，从发展经济、富国强兵的目标出发，十分注意保护山林川泽及其生物资源，反对过度采伐。他说："为人君而不能谨守其山林，菹泽草来不可为天下王。"1975年在湖北云梦睡虎地11号秦墓中发掘出110多枚竹筒，其中的《田律》清晰地体现了可持续性发展的思想。因此，"与天地相参"可以说是中国古代生态意识的目标和思想，也是可持续性的反映。

西方一些经济学家如马尔萨斯、李嘉图和穆勒等的著作中也比较早地提出了人类消费的物质限制，即人类的经济活动范围存在的生态边界。

2. 现代可持续发展思想的产生和发展

现代可持续发展思想的提出源于人们对环境问题的逐步认识和热切关注。其产生背景是人类赖以生存和发展的环境和资源遭到越来越严重的破坏，人类已不同程度地尝到了环境破坏的后果，因此，在探索环境与发展的过程中逐渐形成了可持续发展思想。在这一过程中有几件事情的发生具有历史意义，介绍如下。

1962 年，美国海洋生物学家蕾切尔·卡逊(Rachel Carson)所著的《寂静的春天》(Silent Spring)一书问世，它标志着人类关心生态环境问题的开始。书中，卡逊根据大量事实，科学论述了 DDT 等农药的迁移、转化与空气、土壤、河流、海洋、动植物和人的关系，从而警告人们：要全面权衡和评价使用农药的利弊两面，要正视由于人类自身的生产活动而导致的严重后果。

1972 年 6 月联合国在瑞典斯德哥尔摩召开人类环境会议，为可持续发展奠定了初步的思想基础。这次会议有 14 个国家的代表参加，发表了题为《只有一个地球》(Only One Earth)的人类环境宣言。宣言强调环境保护已成为同人类经济、社会发展同样紧迫的目标，必须共同和协调地实现；呼吁各国政府和人们为改善环境、拯救地球、造福全体人民和子孙后代而共同努力。这次会议唤起了世人对环境问题的觉醒，西方发达国家开始了对环境的认真治理，但尚未得到发展中国家的积极响应。而且这一阶段强调的是单纯的环境问题，还没有将环境问题和社会的发展深刻地联系起来，就环境问题去治理环境，不能从根本上找到解决问题的出路。

1983 年 11 月，联合国成立了世界环境与发展委员会(WCED)，挪威首相布伦特兰夫人任主席，1987 年该委员会把进行长达 4 年研究、经过充分论证的报告《我们共同的未来》提交给联合国大会，正式提出了可持续发展模式，该报告对当前人类在经济发展和保护环境方面存在的问题进行了全面和系统的评价，一针见血地指出，过去人们关心的是发展对环境带来的影响，而现在人们迫切地感到生态的压力。只有建立在环境和自然资源可承受基础上的发展才具有长期性，才能持续地进行。《我们共同的未来》第一次明确提出了可持续发展的定义，使可持续发展的思想和战略逐步得到各国政府和各界的认可与赞同。

1992 年 6 月，联合国在巴西里约热内卢召开了环境与发展大会，共 183 个国家的代表团和联合国及其下属机构等 70 个国际组织的代表出席了会议，102 位国家元首或政府首脑到会讲话。这次大会深刻认识到了环境与发展的密不可分；否定了工业革命以来那种"高生产、高消费、高污染"的传统发展模式及"先污染、后治理"的道路；主张要为保护地球生态环境、实现可持续发展建立"新的全球伙伴关系"；通过和签署了为开展全球环境与发展领域合作、实现可持续发展的一系列重要文件，如《里约热内卢环境与发展宣言》、《21 世纪议程》、《关于森林问题的原则申明》、《生物多样性公约》等。可以说，这次会议是人类转变传统发展模式和生活方式，走可持续发展道路的一个里程碑。自此，可持续发展被世界普遍接受，其实践活动也开始在全球范围内普遍展开。可持续发展首先是从环境保护的角度来倡导保持人类社会的进步与发展的，它号召人们在增加生产的同时，必须注意生态环境的保护与改善，它明确提出要变革人类沿袭已久的生产方式和生活方式，并调整现行的国际经济关系。因此，"可持续发展"这一词语一经提出即在世界范围内逐步得到认同并成为大众媒介使用频率最高的词汇之一。这反映了人类对自身以前走过的发展道路的怀疑和抛弃，也反映了人类对今后选择的发展道路和发展目标的憧憬和向往。人们逐步认识到过去的发展道路是不可持续的，或至少是持续不够的，因而是不可取的。唯一可供选择的道路是可持续发展之路，可持续发展不但是发展中国家争取的目标，也是发达国家争取的目标，所以可持续发展观一经提出，就一下子风靡全球。

12.2.2 可持续发展的定义

要明确给可持续发展下定义是比较困难的，不同机构和专家对可持续发展的定义虽有所不同，但基本方向一致。

世界环境与发展委员会(WCED)经过长期的研究于1987年4月发表的《我们共同的未来》中将可持续发展定义为："可持续发展是既满足当代人的需要，又不对后代人满足其需要的能力构成危害的发展"。这个定义明确地表达了两个基本观点：一是要考虑当代人，尤其是世界上贫穷人的基本要求；二是要在生态环境可以支持的前提下，满足人类当前和将来的需要。

1991年世界自然保护同盟、联合国环境规划署和世界野生生物基金会在《保护地球——可持续生存战略》一书中提出这样的定义："在生存不超出维持生态系统承载能力的情况下，改善人类的生活质量"。

1992年，联合国环境与发展大会(UNCED)的《里约宣言》中对可持续发展进一步阐述为"人类应享有与自然和谐的方式过健康而富有成果的生活权利，并公平地满足今世后代在发展和环境方面的需要，求取发展的权利必须实现"。

另有许多学者也纷纷提出了可持续发展的定义，如英国经济学家皮尔斯和沃福德在1993年所著的《世界无末日》一书中提出了以经济学语言表达的可持续发展的定义："当发展能够保证当代人的福利增加时，也不应使后代人的福利减少"。

我国学者叶文虎、栾胜基等给可持续发展下的定义是："可持续发展是不断提高人群生活质量和环境承载能力的，满足当代人需求又不损害子孙后代满足其需求的，满足一个地区或一个国家的人群需求又不损害别的地区或国家的人群满足其需求的发展"。

不管各种说法如何不同，实际上对可持续发展的共同理解是一样的，即在经济和社会发展的同时，采取保护环境和合理开发与利用自然资源的方针，实现经济、社会与环境的协调发展，为人类提供包括适宜的环境质量在内的物质文明和精神文明。同时，还要考虑把局部利益和整体利益、眼前利益和长远利益结合起来。不要吃祖宗饭，断子孙路。

可持续发展战略强调的是环境与经济的协调，追求的是人与自然的和谐，其核心思想就是经济的健康发展应该建立在生态持续发展能力、社会公众和人民积极参与自身发展决策的基础上。它的目标是不仅满足人类的各种需求，使人尽其才、物尽其用、地尽其利，而且还要关注各种经济活动的生态合理性。在发展指标上与传统发展模式所不同的是，不再把国民生产总值(GNP)作为衡量发展的唯一指标，而是用社会、经济、文化、环境等多个方面的指标来全面衡量发展。

12.2.3 中国的可持续发展战略

作为国际社会中的一员和世界上人口最多的国家，中国深知自己在全球可持续发展和环境保护中的重要责任。中国在发展进程中，对自身经济发展中产生的各种资源、环境问题的困扰和因地球生态环境恶化而引起的各种环境问题威胁有了越来越深刻的认识。根据我国的国情，在世界银行和联合国环境开发署的支持下，我国先后完成了体现可持续发展战略的重大研究和方案，包括《中国环境与发展十大对策》、《中国环境战略研究》、《中国 21 世纪议程》等，归纳起来，我国的可持续发展战略由以下几部分构成。

1. 人口战略：控制人口数量、提高人口素质、开发人力资源

人口过多、自然资源相对紧缺是我国实现可持续发展的限制因素之一。积极有效的人口政策和各项计划生育管理服务措施，使我国在人口控制方面取得了举世瞩目的成绩。尽管如此，人口规模庞大、人口素质较低、人口结构不尽合理，在目前和今后相当长的一个时期里，仍将是我国所要解决的 3 个首要问题。因此，一方面要严格控制人口的数量，不能再突破人口计划指标；另一方面是加强人力资源的开发利用，提高人口素质，人口素质提高了，积极性、创造性发挥出来了，就能充分合理地利用自然资源。这两条做好了，就能减轻人口对资源与环境的压力，为可持续发展创造一个宽松的环境。

2. 资源战略：建立资源节约型国民经济体系

为了确保有限的自然资源能够满足经济持续高速发展的需要，必须实行保护、合理开发利用、增殖并重的政策，依靠科技进步挖掘资源潜力，动用市场机制和经济手段促进资源的合理配制，建立资源节约型的经济体制。这既是我国人口、资源、环境与社会经济持续发展的唯一选择，也是缓解资源危机的基本对策。

建立资源节约型国民经济体系包括以下几个方面。

(1) 建立以节地、节水为中心的资源节约型农业体系，包括发展节时、节地、节能型的农业制度和农业技术。

(2) 建立以节能、节材为中心的资源节约型工业体系，包括发展节能、节材、节水、节约资本等重效益、重品种、重质量的技术和制度。

(3) 建立以节省动力为中心的节约型综合运输体系，包括节能、节时、重效益的技术和制度。

(4) 建立适度消费、勤俭节约为特征的生活服务体系。

3. 环境战略：建立与发展阶段相适应的环保机制

中国是发展中国家，要使中国富强起来，实现社会主义现代化，就必须始终把国民经济的发展放在第一位，各项工作都要以经济建设为中心来进行，但是生态环境恶化已经深刻地影响了我国国民经济和社会的持续发展。因此，防治环境污染和公害、保障公众身体健康、促进经济社会发展、建立健全的生态环境体系是实现可持续发展的基本对策之一。

为此，人们应奉行以下原则。

(1) 坚持经济建设、城乡建设、环境建设同步规划、同步实施、同步发展的战略方针，遵循经济效益、社会效益、环境效益相统一的原则，在经济建设和社会发展的同时保护生态环境，努力促进国民经济持续、稳定、协调发展。

(2) 坚持把环境保护纳入国民经济和社会发展计划，实施国家计划指导下的宏观管理、调节和控制，使环境保护与各项建设事业统筹兼顾、综合平衡、协调发展。

(3) 在工业、农业及其他产业部门中，建立以合理利用自然资源为核心的环境保护战略，坚持把保护环境和自然资源作为生产发展的基础条件，推行有利于保护环境和自然资源利用的经济、技术政策，积极发展清洁生产和生态农业。

(4) 坚持强化管理、以预防为主和谁污染谁治理、谁开发谁保护的三大政策体系，积极采取有效措施，防治工业污染和生态破坏。

(5) 加强环境保护的科学研究，组织好重大项目的科技攻关，努力发展环境保护产业。把环境保护建立在科技进步和具有比较先进的环保技术、装备的基础上。

(6) 搞好环境保护的宣传教育，不断提高全民环境意识和科学文化素质，大力培养环境科学和技术方面的专门人才。

4. 稳定战略：坚持社会和经济稳定协调发展

要提高社会生产力，增强综合国力和不断提高人民生活水平，就必须毫不动摇地把发展国民经济放在第一位，各项工作都要紧紧围绕经济建设这个中心来开展。为此，必须从国家整体的角度上来协调和组织各部门、各地方、各社会阶层和全体人民的行动，才能保证在经济稳定增长的同时，保护自然资源和改善生态环境，实现国家长期、稳定发展。

社会可持续发展的内容包括：①人口、消费和社会服务；②消除贫困；③卫生与健康；④人类居住区的可持续发展；⑤防灾减灾。

经济可持续发展的内容包括：①持续发展的经济政策；②工业与交通、通信业的可持续发展；③可持续的能源生产和消费；④农业与农村的可持续发展。

从总体上说，我国可持续发展战略重在发展这一主题，否定了我国传统的人口放任、资源浪费、环境污染、效益低下、分配不公、教育滞后、闭关锁国和管理落后的发展模式，强调了合理利用自然资源、维护生态平衡以及人口、环境与经济的持续、协调、稳定发展的观念和作用。

12.3 实践中的可持续发展

12.3.1 循环经济

1. 循环经济的产生

朴素的循环经济思想可以追溯到环境保护浪潮兴起的时代。20 世纪 60 年代美国经济学家鲍尔丁就指出，必须进入经济过程思考环境问题产生的根源。他认为，地球就像在太空中飞行的宇宙飞船，这艘飞船靠不断消耗自身有限的资源而生存。如果继续不合理地开发资源和破坏环境，超过了地球的承载能力，地球就会像宇宙飞船那样走向毁灭！因此"宇宙飞船理论"要求以新的"循环式经济"代替旧的"单程式经济"。显然，宇宙飞船经济理论具有很强的超前性，当时并没有引起大家的足够重视。即便是到了人类社会开始大规模环境治理的 20 世纪 70 年代，循环经济的思想更多的还是先行者的一种超前性理念。当时，世界各国关心的仍然是污染物产生后如何治理以减少其危害，即所谓的末端治理。20 世纪 80 年代，人们开始注意到要采用资源化的方式处理废弃物，但是对于是否应该从生产和消费的源头上防止污染产生，还没有统一的认识。

20 世纪 90 年代以后，特别是可持续发展理论形成后的近几年，源头预防和全过程控制代替末端治理开始成为各国环境与发展政策的真正主流。人们开始提出一系列体现循环经济思想的概念，如"零排放工厂"、"产品生命周期"、"为环境而设计"等。随着可持续发展理论的日益完善，人们逐渐认识到，当代资源环境问题日益严重的根源在于工业化运动以来以高开采、低利用、高排放为特征的线性经济模式，为此提出了人类社会的未来应建立一种以物质闭环流动为特征的经济，即循环经济，从而实现环境保护与经济发展的双赢，真正体现"代内公平"和"代际公平"这一可持续发展的公平性原则。随着"生态经济效益"、"工业生态学"等理论的提出与实践，标志着循环经济理论初步形成。

2. 循环经济的概念

循环经济是对物质闭环流动型经济的简称。循环经济的本质是生态经济，它是运用生态学规律来指导人类社会的经济活动，是以资源的高效利用和循环利用为核心，以"减量化、再利用、再循环"为原则，以低消耗、低排放、高效率为基本特征的社会生产和再生产模式，以尽可能少的资源消耗和尽可能小的环境代价实现最大的发展效益。传统工业社会的经济是一种按资源-产品-污染物排放简单流动的线性经济。在这种线性经济中，人们最大限度地把地球上的物质和能量提取出来，然后又把污染物毫无节制地排放到环境中去，线性经济正是通过这种把资源持续不断地变成垃圾，以牺牲环境来换取经济的数量型增长的。与传统经济相比，循环经济倡导的是一种与环境和谐的经济发展模式。它要求把经济活动组织成一个"资源-产品-再生资源"的反馈式流程，其特征是低开采、高利用、低排放。所有的物质和能量要能在这个不断进行的经济循环中得到合理和持久的利用，以把经济活动对自然环境的影响降低到尽可能小的程度。也可以说，循环经济是按照生态规律利用自然资源和环境容量，实现经济活动的生态化转向。循环经济的技术经济特征可以概括为以下几点。

(1) 提高资源利用效率，减少生产过程的资源和能源消耗。这是提高经济效益的重要基础，也是污染排放减量化的前提。

(2) 延长和拓宽生产技术链，将污染尽可能地在生产企业内进行处理，减少生产过程中的污染排放。

(3) 对生产和生活用过的废旧产品进行全面回收，可以重复利用的废弃物通过技术处理无限次地循环利用，这将最大限度地减少初次资源的开采，最大限度地利用不可再生资源，最大限度地减少造成污染的废弃物的排放。

(4) 对生产企业无法处理的废弃物进行集中回收、处理，扩大环保产业和资源再生产业的规模，扩大就业。

3. 循环经济的原则

循环经济的实现依赖于以"减量化(Reduce)、再利用(Reuse)、再循环(Recycle)"为内容的行为原则，简称"3R"原则。每一个原则对循环经济的成功实施都是必不可少的。其中减量化原则属于输入端方法，目的是减少进入生产和消费流程的物质量；再利用原则属于过程性方法，目的是延长产品和服务的时间；再循环原则是输出端方法，目的是通过废弃物的资源化来减少终端处理量。

1) 减量化原则

循环经济的第一原则是要减少进入生产和消费流程的物质量。换言之，人们必须学会预防废物产生而不是产生后治理。在生产中，厂商可以通过减少每个产品的物质使用量、通过重新设计制造工艺来节约资源和减少排放。例如，用光缆代替传统电缆，可以大幅度减少电话传输线对铜的使用。在消费中，人们可以减少对物品的过度需求。例如，人们可以通过大宗地购买(当然不要大于自己所必需的量)、选择包装较少的、可循环的物品，购买耐用的高质量物品，来减少垃圾的产生量。

2) 再利用原则

循环经济的第二个有效方法是尽可能多次以及尽可能以多种方式使用人们所买的东西。通过再利用，人们可以防止物品过早成为垃圾。在生产中，制造商可以使用标准尺寸进行设计，例如，标准设计能使计算机、电视机和其他电子装置中的电路非常容易和便捷地更换，而不必更换整个产品。在生活中，人们把一样物品扔掉之前，可以想一想家中和单位里再利用它的可能性。

3) 再循环原则

循环经济的第三个原则是废弃物尽可能多地再生利用或资源化。资源化是把物质返回到工厂，经过适当处理后进行重新利用。资源化能够减轻垃圾填埋场和焚烧场的处理压力，减少处理费用。

4. 国内外实现循环经济的实例

在发达国家，循环经济正在成为一股潮流和趋势，一些发达国家开始了积极的尝试。目前从企业层次污染物排放最小化实践，到区域工业生态系统内企业间废物的相互交换，都有许多很好的成功实例。

1) 企业内部循环——美国杜邦模式

循环经济的最微观层次是厂内物质的循环，一般来说，厂内废物再生循环包括下列几种情况。

将流失的物料回收后作为原料返回原来的工序之中，如从人造纸废水中回收纸浆、从转炉污泥中回收有用金属成分等；将生产过程中生成的废料经过适当处理后作为原料或原料替代物返回生产流程中，如铜电解精炼的废电解液，经处理后回收其中的铜，再返回到电解精炼流程中；将生产过程中生成的废料经过适当处理后作为原料用于厂内其他生产过程。

厂内物质循环的典型实例是美国杜邦公司。20世纪80年代末，美国杜邦公司的研究人员把工厂当作试验新的循环经济理念的实验室，创造性地把"3R"原则发展成为与化学工业实际相结合的"3R制造法"，以达到少排放甚至零排放的环境保护目标。他们通过放弃使用某些环境有害型的化学物质、减少某些化学物质的使用量以及发明回收本公司产品的新工艺，到1994年已经使生产造成的塑料废物减少了25%，空气污染物排放量减少了70%。同时，它们在废塑料和一次性塑料容器中回收化学物质，开发出了耐用的乙烯材料等新产品。杜邦公司副总裁特博认为，制定零排放的目标可以促使人们不断提高工作的创造性，人们越着眼于这个目标，就会进一步认识到消灭垃圾实际上意味着发掘对人们通常扔掉东西的全新的利用方法。

2) 企业之间循环——生态工业园区模式

生态工业园区是在工业集中区建立共生企业群落，依据循环经济理念和工业生态学原理组织生产，形成比较完整的闭合工业生态系统，达到园区资源的最佳配置和利用，尽可能减少污染排放，提高区域经济运行质量。园区内的企业或公司之间形成一种相互依存、类似于自然生态系统食物链的工业生态系统产业链。通过废物交换、循环利用、清洁生产等手段，要求物流的闭路循环、能量的多级利用和废物产生量的最小化，实现污染物的"零排放"，达到区域社会、经济和环境的可持续发展。

生态工业园区的主要特征是：生态工业园区是一个包括自然、工业和社会的复合体；

通过园区内各单元间的副产物和废物交换、能量和废水的梯级利用以及基础设施的共享，实现资源利用的最大化和废物排放的最小化；通过现代化管理手段、政策手段以及新技术(信息共享、节水、能源利用、再循环和再使用、环境监测和可持续交通技术)的采用，保证园区的稳定和持续发展。

(1) 丹麦卡伦堡工业区模式。

在发达国家，从 20 世纪 90 年代就开始规划建设生态工业示范园区，目前已遍地开花，其中最成功的生态工业园区是丹麦的卡伦堡生态工业区。该园区以发电厂、炼油厂、制药厂和石膏制板厂 4 个厂为核心企业，把一家企业的废弃物或副产品作为另一家企业的投入或原料，通过企业间的工业共生和代谢生态群落关系，建立"灰渣-水泥"、"废气-燃料"和"冷却水-厂外循环"等工业联合体。发电厂以炼油厂的废气为燃料，其他公司与炼油厂共享发电厂的冷却水，使水消耗量降低 25%；发电厂的灰渣可用于生产水泥和铺路材料，余热可为养鱼场和城市居民住宅提供热能。该园区闭环方式的生产构想，要求各厂家的输入和产品相匹配，形成一个连续的生产流，每个厂家的废物至少是另一个合作伙伴的有效燃料或原料。同时对各参与方来讲，必须具备经济效益，如节省成本等。卡伦堡的工业共生仍在不断进化，它的成功提示人们人为创造这种副产品交换网络的可能性，如图 12.1 所示。

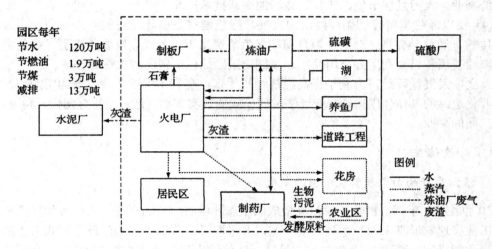

图 12.1　丹麦卡伦堡生态工业园区示意图

(2) 中国贵港生态工业示范园区。

中国的贵港生态工业(制糖)示范园区是以上市公司(集团)股份有限公司为核心，以蔗田、制糖、酒精、造纸、热电联产、环境综合处理等系统为框架建设起来的生态工业示范园区。该示范园区的 6 个系统，各系统内分别有产品产出，各系统之间通过中间产品和废物的相互交换而互相衔接，从而形成一个比较完整的闭合的生态工业网络，园区内资源得到最佳配置、废物得到有效利用、环境污染减少到最低水平。目前，公司已形成以甘蔗制糖为核心的甘蔗制糖→废糖蜜制酒精→酒精废液制复合肥，以及甘蔗蔗渣造纸→制浆黑液碱回收两条主线工业生态链。此外，还形成制糖滤泥制水泥、造纸中段废水用于锅炉除尘、脱硫、冲灰等多条副线生态工业链。物流中没有废物概念，只有资源概念，各环节实现了充分的资源共享，变污染负效益为资源正效益。而且，这一生态园区是纵向闭合的，将甘蔗用于糖、纸、酒精等主要产品的生产，最后，酒精厂复合肥车间产出的甘蔗专用复合肥和热电厂生产出的部分煤灰又作为肥料回到了蔗田，供蔗田生产甘蔗，实现了物质的闭路循环。

目前，我国的循环经济实践仅仅处于起步、示范的初级阶段。因此，推动循环经济发展要加强相关理论和实践模式的研究，提高各级政府和相关决策部门对循环经济重要性质的认识，借鉴国际、国内先进经验，采取综合性措施，去积极开展循环经济的实践。

(1) 要加快制定促进循环经济发展的政策、法律法规。如借鉴日本等国经验，着手制定绿色消费、资源循环再利用，以及家用电器、建筑材料、包装物品等行业在资源回收利用方面的法律法规；建立健全各类废物回收制度；制定充分利用废物资源的经济政策，在税收和投资等环节对废物回收采取经济激励措施。

(2) 要加强政府引导和市场推进作用。在区域经济发展中，继续探索新的循环经济实践模式，积极创建生态示范省、国家环境保护模范城市、生态市、生态示范区、生态工业园区、绿色村镇和绿色社区。

(3) 要在经济结构和战略性调整中大力推进循环经济。在工业经济结构调整中，要以提高资源利用效率为目标，降低单位产值污染物排放强度，优化产业结构，继续淘汰和关闭浪费资源、污染环境的落后工艺、设备和企业，用清洁生产技术改造能耗高、污染严重的传统产业，大力发展节能、降耗、减污的高新技术产业。

(4) 要以绿色消费推动循环经济的发展。绿色消费是循环经济的内在动力。通过广泛的宣传教育活动，提高公众的环境意识和绿色消费意识；各级政府要积极引导绿色消费，鼓励节约使用和重复利用办公用品；逐步制定鼓励绿色消费的相关法律法规。

总之，发展循环经济有利于提高经济增长质量，有利于保护环境、节约资源，是走新型工业化道路的具体体现，是转变经济发展模式的现实需要，是一项符合国情、利国利民、前景广阔的事业。

12.3.2 清洁生产

1. 清洁生产的由来及其在中国的发展

20 世纪 70 年代，由于工业污染造成的生态环境破坏日趋严重，人们开始广泛地关注由于工业飞速发展带来的一系列环境问题，并采取了一些以"末端治理"模式为主的传统的污染治理措施。通过 10 多年的实践发现，这种仅着眼于通过"末端治理"而使污染物达标排放的污染控制方法，投入高、治理难度大、运行成本高，且只能在一定时期内或局部地区起到一定的作用，而不能从根本上解决工业污染问题。

环境污染已经日益威胁人类的生存和发展，人们不得不开始反思和重新审视自己，以探求人类的可持续发展之路。针对"末端治理"模式的局限性，清洁生产的思想应运而生。西方发达国家作为先行者，对污染治理进行了有益的探索，并逐步认识到要从根本上解决工业污染问题，必须"以防为主"，将污染物消除在生产过程中，实行工业生产全过程控制。1976 年，欧洲经济共同体在"无废工艺与无废生产国际研讨会"上提出"消除造成污染的根源"的思想。1979 年，欧共体理事会宣布推行清洁生产的政策。1984 年，美国国会通过了《资源保护与恢复法固体及有害废物修正案》，明确规定：废物最少化，即"在可行的部位将有害废物尽可能地削减和消除"是美国的一项重要政策。1990 年 10 月，美国国会又通过了《污染预防法案》，从法律上确认污染首先应在其产生之前削减或消除。1989

年，联合国环境规划署工业与环境中心(UNEPIE)制定了《清洁生产计划》， 提出了清洁生产的概念，并开始在全球范围内推行清洁生产。

清洁生产思想的形成，是人们思想和观念的一种转变，是环境保护战略由被动反应向主动行动的一种转变。该思想自提出后，便迅速地发展成为国际环保的主流思想，有力地推动了世界各国的环境保护。同时，清洁生产思想又一直在不断地创新、不断地丰富，今天，它不但已从最初的化工企业清洁生产发展到包括一、二、三产业各种类型组织的清洁生产，而且其广度和深度也在迅速发展。

中国推行清洁生产已有十几年的时间，1993 年原国家环保局和国家经贸委联合召开的第二次全国工业污染防治工作会议，明确提出了工业污染防治必须从单纯的末端治理向对生产全过程控制转变，实行清洁生产的要求。1996 年，国务院《关于环境保护若干问题的决定》再次明确新建、改建、扩建项目，技术起点要高，尽量采用能耗物耗小、污染物排放量少的清洁生产工艺。2003 年 1 月 1 日《中华人民共和国清洁生产促进法》开始实施。《清洁生产促进法》以法律的形式规定了政府推行清洁生产的制度和措施，为全面推行清洁生产奠定了法律基础。

2. 清洁生产的概念、内容及目标

1) 清洁生产的概念

清洁生产在不同的发展阶段或者不同的国家有不同的叫法，如"废物减量化"、"无废工艺"、"污染预防"等，但其基本内涵是一致的，即对产品和产品的生产过程采用预防污染的策略来减少污染物的产生。

1996 年联合国环境署对清洁生产的定义为：清洁生产是一种新的创造性思想，该思想将整体预防的环境战略持续应用于生产过程、产品和服务中，以期增加生态效率并减少对人类和环境的风险。

对于生产过程要求节约原材料和能源，淘汰有毒原材料，降低所有废物的数量和毒性。对于产品，要求减少从原材料的提炼到产品的最终处置的全生命周期中的不利影响。对于服务，要求将环境因素纳入设计和所提供的服务中。

《中华人民共和国清洁生产促进法》对清洁生产的定义为：不断采取改进设计、使用清洁的能源和原料、采用先进的工艺技术与设备、改善管理、综合利用等措施，从源头消减污染，提高资源利用效率，较少或者避免生产、服务和产品使用过程中污染物的产生和排放，以减轻或者消除对人类健康和环境的危害。

2) 清洁生产的内容

清洁生产的内容主要包括清洁的能源、清洁的生产过程和清洁的产品 3 个方面。

(1) 清洁的能源，指的是新能源开发、可再生能源利用、现有能源的清洁利用以及对常规能源(如煤)采取清洁利用的方法，如城市煤气化、乡村沼气利用、各种节能技术等。

(2) 清洁的生产过程，应当尽量少用或不用有毒有害及稀缺原料；生产中产出无毒、无害的中间产品，减少副产品；选用少废、无废的工艺和高效的设备；减少生产过程中的各种危险因素，采用简单和可靠的生产操作和控制方法；促进物料的再循环，开展生产过程内部原料的循环使用和回收利用，提高资源和能源的利用水平；完善管理，培养高素质人才，树立良好的企业形象。

(3) 清洁的产品。要求产品具有合理的寿命期和使用功能；产品本身及在使用过程中、使用后不危害人体健康和生态环境；产品包装合理，应易于回收、复用、再生、处置和降解。

3) 清洁生产的目标

(1) 通过使用最低限度的原材料、资源的综合利用、短缺资源的代用、二次能源的利用，以及节能、节水等措施，实现合理利用资源，最大限度地提高资源和能源利用效率，以减缓资源的枯竭。

(2) 在生产过程中，尽可能减少废物的产生和排放，促进工业产品的生产、消费过程与环境相容，降低整个工业活动对人类和环境的风险。

3. 清洁产品的绿色设计

清洁产品是指在生命周期全过程中，资源利用效率高、能源消耗低，以及对生态环境和人类健康基本无害的产品。其内涵与清洁生产的目标是相一致的，因此，清洁产品是清洁生产的基本内容之一。

随着环境保护意识和可持续发展思想的深入人心，人们对产品的环境质量要求越来越高，消费观念也在发生变化，崇尚自然、追求健康已成为生活及消费的潮流，并且常以"绿色"来表达这一理念，例如，人们常将具有环境友好特征的清洁产品称为"绿色产品"(Green Product)。绿色产品主要集中在汽车、食品、电器等领域。绿色产品需要绿色设计作先导。

1) 绿色设计的概念

绿色设计，也称生态设计或生命周期设计或环境设计，它是一种以环境资源为核心概念的设计过程。绿色设计是指将环境因素纳入产品设计之中，在产品生命周期的每一个环节都考虑其可能产生的环境负荷，并通过改进设计使产品的环境影响降低到最小程度。

绿色设计从保护环境的角度考虑，能减少资源消耗，是实现可持续发展战略的重要途径，并且可以真正地从源头开始实现污染预防，构筑新的生产和消费系统。从商业角度考虑，可以降低成本、减少潜在的责任风险，以提高竞争能力。

2) 绿色设计的理念

传统的产品设计主要考虑的因素有市场消费需求、产品质量、成本、制造技术的可行性等，很少考虑节省能源、资源再生利用以及对生态环境的影响。它没有将生态因素作为产品开发的一个重要指标，因此制造出来的产品使用过后，对废弃物没有有效的管理、处置及再生利用的方法，从而造成严重的资源浪费和环境污染。而产品绿色设计，要求在产品及其生命周期全过程的设计中，充分考虑对资源和环境的影响，在考虑产品的功能、质量、开发周期和成本的同时，优化各有关设计因素，实现可拆卸性、可回收性、可维护性、可再用性等环境设计目标，使产品及其制造过程对环境的总体影响减到最小，资源利用效率最高。

绿色设计的实施要考虑从原材料选择、设计、生产、营销、售后服务到最终处置的全过程，是一个系统化和整体化的统一过程。在实施绿色设计策略时，应该遵守以下几个基本原则。

(1) 非材料化。由于人类生存环境资源的有限性，要求在产品设计中尽量减少原材料的使用，例如，尽量减小产品的尺寸；用无形的服务代替有形的产品，以满足客户的同一需求，如利用计算机网络代替传统的纸张通信和传真。这样，在同样满足需求的前提下，资源、能源的消耗可以大幅度减少。

(2) 产品共享性。产品通过使用来满足人们的需求，但对于部分产品来说，可能在某些特定的时间段内被使用，而其他时间段内这种产品往往处于闲置状态，从而造成资源的浪费。绿色设计鼓励生产出可以被多个客户共享的产品，这样可以提高产品的利用率，提高整个社会的生态效率。

(3) 功能多样化。当一种产品拥有多种功能时，就可以减少资源和能源的浪费，提高整个社会对资源的利用效率。例如，可同时接收电话、传真和进行扫描及复印的多功能办公设备。

(4) 功能最优化。在有些情形下，综合考虑一个产品的主要功能和辅助功能时，就会发现某些部件是多余的。绿色设计应当实现产品功能的最优化，找出更能减少资源使用和环境污染的影响因素及环节。例如，适度、简洁的产品包装，不仅避免了许多高质量的包装物的浪费，还会减少固体垃圾所带来的问题。

3) 产品绿色设计案例

(1) 中国办公家具。

① 项目。哈尔滨工程大学和哈尔滨四达家具实业公司合作开发项目，其目的在于降低四达公司产品对环境的影响。项目组设计的参照产品是一个在隔断方面有突出作用的办公室装备系统，最终设计出一种比较廉价、易于生产和有吸引力的办公室家具系统。

② 环境优点。与具有同类功能的产品相比，质量减轻 46%，生产能耗降低 67%，脲醛树脂的使用减少 36%。

③ 一般优点。办公室布局更灵活，效率更高，隔墙具有半透明(传播白天光线)和吸音特性。

(2) 哥斯达黎加的高能效照明系统。

① 项目。哥斯达黎加圣何塞市的 SYLVANIA 公司为中美洲市场开发照明系统。公司开展该项目的目的是降低其产品的环境影响，具体表现为降低能耗，提高产品质量。这种绿色设计不仅对该产品的环境影响产生积极效果，而且也提供了良好的营销机会。

② 环境优点。与同类产品相比，质量减轻 42%，能源降低 65%，汞含量降低 50%，涂料用量减少 40%，铜用量减少 65%，体积减少 65%。

③ 一般优点。提高美学价值，降低成本，产品灵活，充分利用人类工程学原理，提供不同的功能和风格。

12.3.3 环境标志

1. 环境标志的概念

近年来，除了人们早已熟知的各种生产厂家商标、产品注册商标外，又增加了一种新的标志——环境标志。

环境标志(又叫绿色标志)，就是由政府的环境管理部门依据有关的环境法律、环境标准和规定，向某些商品颁发的一种特殊标志，这种标志是一种贴在产品上的图形，用于证明该产品不仅质量上符合环境标准，而且其设计、生产、使用和处理等全过程也符合规定的环境保护要求，对生态无害，有利于产品的回收和再利用。它是一种产品的证明性商标，受法律保护，是经过严格检查、检测与综合评定，并经国家专门委员会批准使用的标志。

正是有了这种"证明性商标"，使得消费者一目了然地明确哪些产品有益于环境和健康，便于消费者购买、使用，而通过消费者的选择和市场竞争，可以引导企业自觉调整产业结构，采用绿色制造技术，生产对环境有益的产品，最终达到环境和经济协调发展的目的。

　　2. 环境标志的发展历程

　　1) 国外环境标志进展

　　绿色产品的概念是 20 世纪 70 年代在美国政府起草的环境污染法规中首次提出的，但真正的绿色产品首先诞生于联邦德国。1987 年，德国实施一项被称为"蓝色天使"的计划，对在生产和使用过程都符合环保要求，且对生态环境和人体健康无损害的商品，由环境标志委员会授予绿色标志，这就是第一代环境标志。

　　国外对于环境标志有多种称呼，而且每个国家都有各自不同的环境标志图案。例如，德国的"蓝色天使"、北欧的"白天鹅"、美国的"绿色印章"、加拿大的"环境选择"、日本的"生态标签"等，国际标准化组织将其统称为环境标志，如图 12.2 所示。

中国的环境标志

德国的"蓝色天使"环境标志　　　　加拿大的"环境选择"环境标志

日本的"生态标签"环境标志　　　　北欧的环境标志

图 12.2　我国和世界一些国家的环境标志图案

　　目前，德国绿色标志产品已达 7500 多种，占其全国商品的 30%。继 1987 年德国之后，日本、美国、加拿大等国也相继建立了自己的绿色标志认证制度，以保证消费者自己识别产品的环保性质，同时鼓励厂商生产低污染的绿色产品。目前，绿色商品涉及诸多领域和范围，绿色汽车、绿色计算机、绿色相机、绿色冰箱、绿色包装、绿色建筑等。

　　2) 中国环境标志进展

　　中国国家环境保护总局于 1993 年 7 月 23 日向国家技术监督局申请授权国家环境保护总局组建"中国环境标志产品认证委员会"，1993 年 8 月中国推出了自己的环境标志图案(十环标志，见图 12.2)，1994 年 5 月 17 日成立"中国环境标志产品认证委员会"，标志着中国环境标志产品认证工作的正式开始。它是由国家环境保护总局、国家质检总局等 11 个部委的代表和知名专家组成的国家最高规格的认证委员会，其常设机构为认证委员会秘书处，代表国家对绿色产品进行权威认证。2003 年，国家环境保护总局将环境认证资源进行整合，中国环境标志产品认证委员会秘书处与中国环境管理体系认证机构认可委员会(简称环认委)、中国认证人员国家注册委员会环境管理专业委员会(简称环注委)、中国环境科学研究院环境管理体系认证中心共同组成中环联合认证中心(国家环境保护总局环境认证中心),形成以生命周期评价为基础,一手抓体系、一手抓产品的新的认证平台。

中国环境标志立足于整体推进 ISO 14000 国际环境管理标准,把生命周期评价的理论和方法、环境管理的现代意识和清洁生产技术融入产品环境标志认证,推动环境友好产品发展,坚持以人为本的现代理念,开拓生态工业和循环经济。

中国环境标志要求认证企业建立融 ISO 900、ISO 14000 和产品认证为一体的保障体系。同时,对认证企业实施严格的年检制度,确保认证产品持续达标,保护消费者利益,维护环境标志认证的权威性和公正性。

中国环境十环标志,其中心由青山、绿水和太阳所组成,代表了人类所赖以生存的自然环境;外围是 10 个紧扣的环,表示公众参与,共同保护环境。10 个紧扣的"环"与环境的"环"字同义,整个标志寓意为全民联合起来,共同保护人类赖以生存的地球。

1995 年 3 月 20 日国家环境保护局和国家技术监督局联合第一次向 11 家企业授予"中国绿色产品标志"证书。首批通过认证的产品共有 6 类 18 种产品,这些环境标志产品是在各地环保部门推荐、申报的基础上,通过查阅、分析、研究国内外的大量有关资料,征询了有关部门意见和建议,经过比较、筛选才最终确定的,见表 12-1。

在 1995—2003 年,我国已颁布了包括纺织、汽车、建材、轻工等 51 个大类产品的环境标志标准,共有 680 多家企业的 8600 多种产品通过认证,获得环境标志,形成了 600 亿元产值的环境标志产品群体,我国的环境标志已成为公认的绿色产品权威认证标志,为提高人们的环境意识、促进我国可持续消费做出了卓越贡献。我国加入 WTO 以后,绿色壁垒将成为我国对外贸易中的新问题,环境标志必将成为提高我国产品市场竞争力、打入国际市场的重要手段。

表 12-1　第一批中国环境标志产品及企业名称

产品类别	产品名称	企业名称
低氟氯化碳(CFC)家用制冷器具类	BCD－180 双绿色电冰箱	华意电器总公司
	BCD－220C 双绿色电冰箱	
	BCD－222 全无氟电冰箱	青岛海尔电冰箱股份有限公司
无铅车用汽油类	东海牌 90 号无铅车用汽油	镇海炼油化工股份有限公司
	东海牌 93 号无铅车用汽油	
	东海牌 95 号无铅车用汽油	
水性涂料类	沧浪牌丙聚乙烯酸脂合成树脂乳胶涂料	苏州新型建筑涂料厂
	大禹牌 DC—818 水性多彩涂料	洛阳市防水涂料厂
卫生纸类(厕用)	金驼牌平板及卷卫生纸	天津市金坨纸品实业公司
真丝绸类	XM 炼白绸真丝绸类制成品 再生真丝绸类制成品	厦门丝绸进出口公司
	Z/梅花牌、Z/4 花神牌白丝绸	杭州新华丝厂
	真丝炼白绸、真丝染色绸、真丝染色丝	杭州丝绸炼染厂
	采桑牌、金鸡牌炼白绸	杭州震旦丝织厂
无汞镉铅充电电池类	百龙牌镍氢充电电池	北京百龙绿色科技企业总公司

3. 环境标志的作用

实行环境标志所起到的作用是多方面的。

(1) 它不是靠法律的强制或行政命令使企业承担环境义务，而是通过市场使企业自觉地把它的经济效益和环境效益紧紧地联系在一起，对产品"从摇篮到坟墓"的全过程进行控制，因为没有环境标志的产品将很难在市场上销售。为了获得环境标志和维持企业的生存，企业将主动采用无废少废、节能节水的新技术、新工艺和新设备。同时因为每 3 至 5 年该标志要进行重新认证，这样也促使企业及时调整产品的结构，以消除或减少生产对生态环境的破坏，节约能源和不可再生的资源，达到保护环境和促进整个经济发展的目的。例如，我国青岛海尔冰箱厂 1988 年就开始吸收国外的先进技术，1990 年 9 月推出了削减 50%氟利昂的电冰箱，同年 11 月获"欧洲环境标志"，仅销往德国的该类电冰箱就达 5 万多台，在数量上居亚洲国家之首。1995 年广东科龙公司为保护臭氧层，生产出了无氟绿色电冰箱，获得美国环境标志的认证，使得无氟电冰箱的销量大大增加。

(2) 实行环境标志也将提高广大消费者的环境意识，前联邦德国曾进行一次对 7500 个家庭的抽样调查，结果发现，78.9%的家庭都知道什么是绿色产品，并且对绿色产品表现出强烈的兴趣。1991 年，日本某民间机构对东京和大阪 20 岁到 50 岁年龄段的 400 名家庭主妇就赠送贺年礼品的打算进行了调查，结果有一半的主妇一定要选购或尽可能选购绿色产品，更有意义的是，调查对象的年龄越小，想购买绿色产品的主妇所占的比例就越大。美国的一项调查发现，即使多花费 5%甚至 15%，也乐于购买绿色产品的人分别占 80%和接近 50%。因此可以看出，消费者通过选购、处置带有环境标志商品的日常活动，将会提高消费者的环境意识，同时消费者也参与了环境保护的活动。

(3) 实施环境标志有利于国际贸易，扩大出口。环境标志制度是建立在市场经济体制上的一项重要的环保措施。它运用市场这只"无形的手"把企业的经济效益和环境效益紧密联系在一起。在国际贸易中，环境标志就像一张"绿色通行证"，发挥着越来越重要的作用。在已使用环境标志的一些国家，无环境标志实际上已成为一种非正式的贸易壁垒。这些国家把它当作贸易保护的有利武器，他们严格限制非环境标志产品进口。谁拥有清洁产品，谁就拥有市场。实行环境标志有利于参与世界经济大循环，增强本国产品在国际市场上的竞争力。也可以根据国际惯例，限制别国不符合本国环境保护要求的商品进入国内市场，从而保护本国利益。

复习和思考

1. 试述传统发展观的三大误区。
2. 什么是可持续发展？中国可持续发展战略包括哪些内容？
3. 什么是循环经济？循环经济的技术经济特征是什么？
4. 试述循环经济的"3R"原则。
5. 什么是清洁生产？清洁生产的内容包括哪几方面？
6. 试述绿色设计的概念和设计理念。
7. 试述环境标志的作用。

参 考 文 献

[1] 陈文新. 土壤和环境微生物[M]. 北京：中国农业大学出版社，1996.

[2] 蔡晓明，尚玉昌. 普通生态学[M]. 北京：北京大学出版社，2000.

[3] 陈阜. 农业生态学教程[M]. 北京：气象出版社，2000.

[4] 陈学雷. 海洋资源开发与管理[M]. 北京：科学出版社，2000.

[5] 陈英旭. 环境学[M]. 北京：中国环境科学出版社，2001.

[6] 陈静生. 环境地学[M]. 北京：中国环境科学出版社，2001.

[7] 蔡守秋. 环境法教程[M]. 北京：科学出版社，2004.

[8] 金瑞林. 环境法学[M]. 北京：北京大学出版社，2002.

[9] 金岚. 环境生态学[M]. 北京：高等教育出版社，1999.

[10] 丁桑岚. 环境评价概论[M]. 北京：化学工业出版社，2001.

[11] 冯尚友. 水资源持续利用与管理导论[M]. 北京：科学出版社，2000.

[12] 冯云廷. 城市聚集经济[M]. 大连：东北财经大学出版社，2001.

[13] 关伯仁. 环境科学基础教程[M]. 北京：中国环境科学出版社，1995.

[14] 郭怀乘. 环境规划方法与应用[M]. 北京：化学工业出版社，2006.

[15] 国家环保局. 1997 年中国环境状况公报[M]. 北京：中国环境科学出版社，1997.

[16] 宫学栋. 环境管理学[M]. 北京：中国环境科学出版社，2001.

[17] 龚三堂. 论生态环境道德原则[J]. 南昌航空工业学院学报(社会科学版)，2003. 9, 5(3):29-38.

[18] 韩德婷. 浅谈环境资源的商品性[J]. 山东环境，1999, (88):37.

[19] 胡筱敏. 环境导论[M]. 沈阳：东北大学出版社，2000.

[20] 郝吉明. 大气污染控制工程[M]. 北京：高等教育出版社，2003.

[21] 旷天化. 环境保护法制[M]. 沈阳：东北大学出版社，1997.

[22] 孔繁德. 生态保护概论[M]. 北京：中国环境科学出版社，2001.

[23] 李鸿飞. 可持续发展与中国[M]. 成都：天地出版社，2000.

[24] 李志东. 中国能源环境研究文集[M]. 北京：中国环境科学出版社，2000.

[25] 李博. 生态学[M]. 北京：高等教育出版社，2001.

[26] 刘成武. 自然资源概论[M]. 北京：科学出版社，2000.

[27] 刘常海. 环境管理[M]. 北京：中国环境科学出版社，2000.

[28] 刘天齐. 区域环境规划方法[M]. 北京：化学工业出版社，2001.

[29] 刘天齐. 环境保护[M]. 北京：化学工业出版社，2001.

[30] 刘成武，杨志荣. 自然资源概论[M]. 3 版. 北京：科学出版社，2001.

[31] 李振基，陈小麟. 生态学[M]. 北京：科学出版社，2001.

[32] 李洪远. 生态学基础[M]. 北京：化学工业出版社，2006.

[33] 柳劲松. 环境生态学基础[M]. 北京：化学工业出版社，2003.

[34] 李爱贞. 生态环境保护概论[M]. 北京：气象出版社，2001.

[35] 刘静玲. 人口环境与资源[M]. 北京：化学工业出版社，2001.

[36] 林肇信. 环境保护概论[M]. 北京：高等教育出版社，1998.

[37] 吕殿录. 环境保护简明教程[M]. 北京：中国环境科学出版社，2000.

[38] 马中. 环境与资源经济学概论[M]. 北京：高等教育出版社，1999.

[39] 潘岳. 关于绿色 GDP 的几点思考[J]. 理论前沿，2004，(10):38-40.

[40] 曲向荣，关伟. 高等教育生态化与和谐大学建设[J]. 东北师范大学学报[哲社版]，2008. (6): 290-292.

[41] 曲向荣，关伟. 和谐大学建设的生态学方法和途径[J]. 南京师范大学学报[社科版]，2008. (6): 16-19.

[42] 中国环境科学学会. 中国环境科学学会优秀论文集[M]. 北京：中国环境科学出版社，2004.

[43] 钱易. 环境保护与可持续发展[M]. 北京：高等教育出版社，2004.

[44] 全国环境伦理教育会议组. 公民环境道德宣言[J]. 伦理学研究，2002. 9,1(1):55-56.

[45] 曲格平. 环境保护知识读本[M]. 北京：红旗出版社，1999.

[46] 邝福光. 环境伦理学教程[M]. 北京：中国环境科学出版社，2000.

[47] 孙方民. 环境教育简明教程[M]. 北京：中国环境科学出版社，2000.

[48] 孙铁珩，周启星. 污染生态学[M]. 北京：科学出版社，2001.

[49] 申元村. 荒漠化[M]. 北京：中国环境科学出版社，2001.

[50] 王伟. 生存与发展——地球伦理学[M]. 北京：人民出版社，1995.

[51] 王豪. 生态、环境知识读本[M]. 北京：化学工业出版社，1999.

[52] 王放. 中国城市化与可持续发展[M]. 北京：科学出版社，2000.

[53] 王信领. 可持续发展概论[M]. 济南：山东人民出版社，2000.

[54] 汪劲. 环境法学[M]. 北京：中国环境科学出版社，2001.

[55] 王和文. 论环境资源的商品性及改善环境质量的经济手段[J]. 湖南商学院学报. 2001, 8(6):62-63.

[56] 王慰. 论环境道德的特征及其实践途径[J]. 陕西环境，2002. 8, 9(4):12-14.

[57] 王艳萍. 应实行绿色 GDP[J]. 环境经济，2004, 17 (199):25-27.

[58] 吴毅文，陈金华. 保护人类生存之本[M]. 北京：中国环境科学出版社，2001.

[59] 吴迪梅. 河北省污水灌溉农业环境污染经济损失评估 [J]. 中国生态农业学报，2004，12(2):176-179.

[60] 万海清. 生命科学概论[M]. 北京：化学工业出版社，2001.

[61] 许嵩龄. 环境伦理学进展[M]. 北京：社会科学文献出版社，1995.

[62] 奚旦立. 环境监测[M]. 北京：高等教育出版社，1999.

[63] 徐新华. 环境保护与可持续发展[M]. 北京：化学工业出版社，2000.

[64] 夏立江，王宏康. 土壤污染及其防治[M]. 上海：华东理工大学出版社，2001.

[65] 夏万军，等. 绿色 GDP 核算探讨[M]. 安徽农业大学学报，2002, 11 (5):32.

[66] 殷维君. 环境保护基础[M]. 武汉：武汉工业大学出版社，1998.

[67] 延军平. 跨世纪全球环境问题及行为对策[M]. 北京：科学出版社，1999.

[68] 杨士弘. 城市生态环境学[M]. 4 版. 北京：科学出版社，2000.

[69] 杨志峰. 环境科学概论[M]. 北京：高等教育出版社，2004.

[70] 袁光耀. 可持续发展概论[M]. 北京：科学出版社，2001.

[71] 叶文虎. 环境管理学[M]. 北京：高等教育出版社，2006.

[72] 殷俊明. 绿色 GDP 的理论基础及发展实践[J]. 中州学刊，2004, 6 (144):73-75.

[73] 曾建平. 试论环境道德教育的本质特征[J]. 伦理学研究，2003. 9, 7(5):71-75.

[74] 中国环境年鉴编辑委员会. 中国环境年鉴[M]. 北京：中国环境科学出版社，1998.

[75] 中国环境年鉴编辑委员会. 中国环境年鉴[M]. 北京：中国环境科学出版社，2000.

[76] 赵媛. 可持续能源发展战略[M]. 北京：社会科学文献出版社，2001.

[77] 周律. 环境工程学[M]. 北京：中国环境科学出版社，2001.

[78] 周律. 清洁生产[M]. 北京：中国环境科学出版社，2001.

[79] 周宗灿. 环境医学[M]. 北京：中国环境科学出版社，2001.

[80] 张月娥. 环境保护[M]. 北京：中国环境科学出版社，1998.

[81] 张国泰. 环境保护概论[M]，北京：中国轻工业出版社，1999.

[82] 张宝旭. 环境与健康[M]. 北京：科学出版社，1999.

[83] 张象枢. 环境经济学[M]. 北京：中国环境科学出版社，2001.

[84] 张建辉. 环境监测学[M]. 北京：中国环境科学出版社，2001.

[85] 张承中. 环境管理的原理与方法[M]. 北京：中国环境科学出版社，1999.

[86] 张维平. 保护生物多样性[M]. 北京：中国环境科学出版社，2001.

[87] 张大弟，张晓红. 农药污染与防治[M]. 北京：化学工业出版社，2001.

[88] 曾建平. 试论环境道德教育的重要地位[J]. 道德与文明，2003. 3，60-63.

[89] 左玉辉. 环境学[M]. 北京：高等教育出版社，2003.

[90] 赵玉明. 清洁生产[M]. 北京：中国环境科学出版社，2007.

[91] 朱蓓丽. 环境工程概论[M]. 北京：科学出版社，2001.